粮农组织动物生产及卫生准则 19 号

# 综合性多用途动物记录系统的开发

联合国粮食及农业组织　编著

梁丹辉　译

中国农业出版社

联合国粮食及农业组织

2018·北京

06—CPP16/17

本出版物原版为英文，即 *Development of integrated multipurpose animal recording systems*，由联合国粮食及农业组织（粮农组织）于2016年出版。此中文翻译由中国农业科学院农业信息研究所安排并对翻译的准确性及质量负全部责任。如有出入，应以英文原版为准。

ISBN 978-92-5-109256-9（粮农组织）
ISBN 978-7-109-23755-1（中国农业出版社）

## 译审委员会

**主　任**　童玉娥

**副主任**　罗　鸣　蔺惠芳　宋　毅　赵立军

　　　　　　孟宪学　聂凤英

**编　委**　刘爱芳　徐　晖　安　全　王　川

　　　　　　王　晶　傅永东　徐　猛　张夕珺

　　　　　　许晓野　郑　君　熊　露

## 本书译审名单

**翻　译**　梁丹辉

**审　校**　张　莉　赵　伟　韩　亚

# 前　言
## FOREWORD

　　动物识别和记录系统在历史上由育种协会研发，以保持动物的谱系信息；由育种组织实施的遗传改良项目，生产性能记录是一项先决条件；由家畜改良组织协助农民进行牛群的管理；由兽医保健机构和组织区分畜群或个体动物的健康或疫苗接种状况。然而，这些项目仅限于参与的农民或特定的区域，在全国范围内尚未实施。

　　过去关于食品和健康的恐慌，诸如牛海绵状脑病、禽流感及20世纪90年代初的化学污染（二噁英、三聚氰胺等），增加了人们对兽医公共卫生和食品安全与质量的担忧，也造成了巨大的损失。为了实现对动物及动物产品的追溯，许多高收入国家在全国范围内建立动物识别和记录系统，以确保其完整的可追溯性。动物疫病有可能对国际贸易产生重大影响。动物识别和追溯系统可以保障国际贸易免受动物疫病的影响，是特定区域或国际市场急需引进的对象。所以，世界上许多国家，包括新兴经济体，已经把这样的系统提上正轨。此外，各种国际协定和标准均涉及动物识别和记录的可追溯性，其中包括世界贸易组织（WTO）的《实施卫生与植物卫生措施协议》《技术贸易壁垒协议》[1]，世界动物卫生组织（OIE）的《陆生动物卫生法典》[2]，国际食品法典委员会的《FAO/WHO联合食品标准计划》[3]。此外，一些国家还采用动物识别和记录系统来防止动物被盗或促进补贴和保险计划。1998年，联合国粮食及农业组织（FAO）制定并出版了《国家农业动物遗传资源管理计划——中等投入生产环境动物记录发展的次要准则》。这些准则侧重于生产性能记录方案[4]。但是，如上所述，这些准则颁布以来，与生产和贸易相关的变化已多次出现。特别是动物健康和可追溯性的重要性突显，近年来已成为动物识别和注册的主要

---

[1]　见www.wto.org/english/tratop_e/sps_e/spsagr_e.htm,www.wto.org/english/docs_e/legal_e/17-tbt_e.htm

[2]　见www.oie.int/international-standard-setting/terrestrial-code/access-online/

[3]　见www.codexalimentarius.org

[4]　见www.fao.org/ag/againfo/programmes/en/lead/toolbox/indust/anim-rec.pdf

动力。因此，有必要扩大动物注册的范围，并采取一套新的指导原则，包括将动物识别与注册、动物可追溯性、动物健康信息和生产性能记录整合在一起的多用途方法。FAO通过其技术合作计划，支持若干成员开发符合国际标准的动物识别和记录系统，并继续做下去。这些项目明确指出，需要采用多功能系统，并就如何建立和实施这样一个系统来制定全面、务实和直接的指导方针。

瑞典因特拉肯举行的第一届粮食和农业动物遗传资源国际技术会议[①]（2007年9月3~7日）呼吁FAO继续发展技术准则和技术援助，并协调其培训计划，支持各成员努力落实动物遗传资源全球行动计划[②]。在2013年第十四届例会上，粮食和农业遗传资源委员会特别要求FAO继续制定关于综合性多用途动物记录系统的技术准则。

制定综合性多用途动物记录系统的准则是为了帮助各国设计和实施这种系统，并为维持该系统提供充足的条件。这些准则将生产性能记录置于更普遍的背景下，而不是取代以前的FAO准则。

这些准则主要侧重于过程，而不是所采用的方法和技术（例如设备和测量的细节），因为后者被其他准则充分涵盖。必要时，制定准则需要考虑低投入或中等投入的生产环境。

本准则的准备工作始于2011年10月举行的专家会议。在此次会议上讨论了内容和大纲。2013年6月举行了第二次专家会议，以审查准则草案。随后，在2014年6月举行的第三次专家会议讨论和修订了第二个版本。

在博茨瓦纳、智利、摩洛哥和突尼斯举办了四次研讨会，共有来自57个国家的236名科学家、技术人员和决策者参加了这些研讨会。会议明确了准则的总体方向，塑造了概念方法，并整合了各国的经验教训。

---

① 见 www.fao.org/ag/againfo/programmes/en/genetics/angrvent2007.html
② 见 http://www.fao.org/docrep/010/a1404e/a1404e00.htm

# 致　谢
## ACKNOWLEDGEMENTS

10个国家的15名专家为本书做了大量的准备工作。Kamlesh Trivedi、Cuthbert Banga、Ole Klejs Hansen、Thomas Armbruster、Paolo Calistri、Gabriel Osorio、Daniel Trocmé和Graham Hamley撰写并审阅了部分章节。Hans Jürgen Schild、Erik Rehben、Mohammed Bahari、Japie van der Westhuizen、Omrane ben Jamaa和Ferdinand Schmitt对总体大纲进行了讨论并审阅了此书。Badi Besbes、Kamlesh Trivedi和Graham Hamley为这本书做了很多编辑工作。

此外，FAO总部的其他单位，如动物卫生服务处（AGAH）和发展法律处（LEGN）以及拉丁美洲和加勒比及近东区域办事处和北非分区域办事处，直接或间接参与了准则的制定工作。特别感谢Carmen Bullon、Julio Pinto和Olaf Thieme，他们每个人都撰写了一章，并对其他几章进行了审阅，这些都是非常宝贵的。Carolyn Benigno、Astrid Tripodi和Cesare Di Francesco同行评审了书稿，他们的贡献也非常重要。

本书是在Badi Besbes的监督下，在动物遗传资源处（AGAG）负责人Irene Hoffmann和AGAG官员Alizée Sauron、Paul Boettcher、Roswitha Baumung、Beate Scherf和Dafydd Pilling的全力支持下完成的。Umberto Ciniglio和Kafia Fassi-Fihri提供了行政和秘书支持。

FAO对慷慨地付出时间、精力和专业技能的所有这些个人（包括上面未提到的人士）深表感谢！

# 缩 略 语
## ACRONYMS

| | |
|---|---|
| AHI | 动物健康信息 |
| APHIS | 动植物卫生检验局（美国） |
| AR | 动物记录 |
| AT | 动物追溯 |
| BSE | 牛海绵状脑病 |
| EID | 电子识别 |
| ELISA | 酶联免疫吸附测定 |
| EMPRES-i | 跨界动植物病虫害紧急预防系统全球动物疫病信息系统 |
| EC | 欧共体 |
| EU | 欧盟 |
| FAO | 联合国粮食及农业组织 |
| FMD | 口蹄疫 |
| GDP | 国内生产总值 |
| GIS | 地理信息系统 |
| GLIPHA | 全球畜牧生产和健康图集 |
| GPRS | 通用分组无线业务 |
| GPS | 全球定位系统 |
| I & R | 识别和注册 |
| ICAR | 国际动物记录委员会 |
| ID | 识别 |
| INAPH | 动物生产和健康信息网络 |
| ISO | 国际标准化组织 |
| IT | 信息技术 |
| LIMS | 实验室信息管理系统 |
| LITS | 家畜识别和追溯系统（博茨瓦纳） |

| NDDB | 国家乳品发展委员会（印度） |
|------|------------------------|
| NTB | 非关税壁垒 |
| OIE | 世界动物卫生组织 |
| OS | 操作系统 |
| PDA | 个人数字助理 |
| PR | 生产性能记录 |
| RFID | 射频识别装置 |
| SCC | 体细胞计数 |
| SIRA | 动物识别和注册系统（乌拉圭） |
| SOAP | 简单的对象访问协议 |
| SOP | 标准操作程序 |
| SPS | 卫生和植物检疫措施 |
| SRS | 软件要求规格 |
| TBT | 技术性贸易壁垒 |
| UI | 用户界面 |
| URS | 用户需求规范 |
| USDA | 美国农业部 |
| UTM | 通用横轴墨卡托 |
| VPN | 虚拟专网 |
| WAHIS | 世界动物卫生信息系统 |
| WTO | 世界贸易组织 |

# 名词定义
## DEFINITIONS

为了便于读者理解，本书中所使用的术语定义如下所述。普遍认同的是，这些术语也存在其他含义。

**动物识别**是指通过个体或群体的方式对动物进行标记，具有唯一的个体或群体标识符。

**动物注册**是指通过手动或电子捕获动物信息的过程，然后输入并安全存储，方便用户实时查询。

**动物识别和注册**是动物识别和记录系统的核心功能，涵盖动物识别和动物注册。

**动物追溯**是指对单个动物或动物群体的各个生长阶段进行跟踪的能力。

**动物生产性能记录**是指客观和系统地测量动物性能指标的过程，对包括谱系、品种特征和相关测试事项在内的有关数据进行收集、记录、计算和安全存储，方便用户实时查询。

**动物健康信息记录**是指系统地收集、记录、计算和安全存储动物种群的健康状况指标以及有关预防、监测和疫情管理等数据的过程，方便用户实时查询。

**动物记录**是整合动物识别和注册、动物追溯、动物健康信息和动物生产性能记录的通用术语。

**畜舍、地产和建筑**是地理位置的同义词，是指任何建筑物，包括露天农场和农贸市场，动物被饲养、保存或处理的地方。

**动物饲养者**是负责对场所内动物进行日常管理的人员。

**动物主人**是对动物拥有法定所有权或权利的人，不论他（她）是否拥有保存动物的场所。

**动物识别和记录系统**包括动物识别与注册、动物追溯、动物健康信息记录和动物生产性能记录等全部过程，或是其中的一部分，需要考虑现有的法律、组织（管理）、技术设施和数据库。

# 准则的结构

STRUCTURE OF THE GUIDELINES

准则分为3个部分：设置场景；开发概念；将概念付诸实践。每个部分由多章组成（图1）。

第1部分分为两章，其目的如下：

- 提供关于动物记录系统潜在用途的背景资料，并解释制定这些准则的理由（第1章）；
- 表明需要采用多用途方法，将后者转化为综合性多用途系统（第2章）。

第2部分包括四章，分别是：

- 动物识别和注册（第3章）；
- 动物追溯（第4章）；
- 动物健康信息（第5章）；
- 生产性能记录（第6章）。

每章介绍简介、目标和各自的概念框架。这些描述了相应系统和必要元素的不同选择，并为如何在特定情况下做出正确选择提供指导。

第3部分分为五章，分别涉及以下目标和任务：

- 制订建立动物记录系统的战略计划（第7章）；
- 采购或开发用于动物记录系统的软件应用程序，并安装必要的计算机硬件（第8章）；
- 评估动物记录系统的成本和收益，并确定确保受益人之间公平分配成本的方法（第9章）；
- 制定动物记录系统的法律框架，并强调在实施系统时将制定的关键政策和法规（第10章）；
- 根据既定战略计划实施动物记录系统（第11章）。

除了确定原理和目标之外，第3部分还提出了一系列需要完成的任务来实现预期的结果。这些任务进一步分解为一系列行动。这些章节有很多共同之处。但是，每个章节旨在独立。按顺序阅读会涉及一些不可避免的重复。

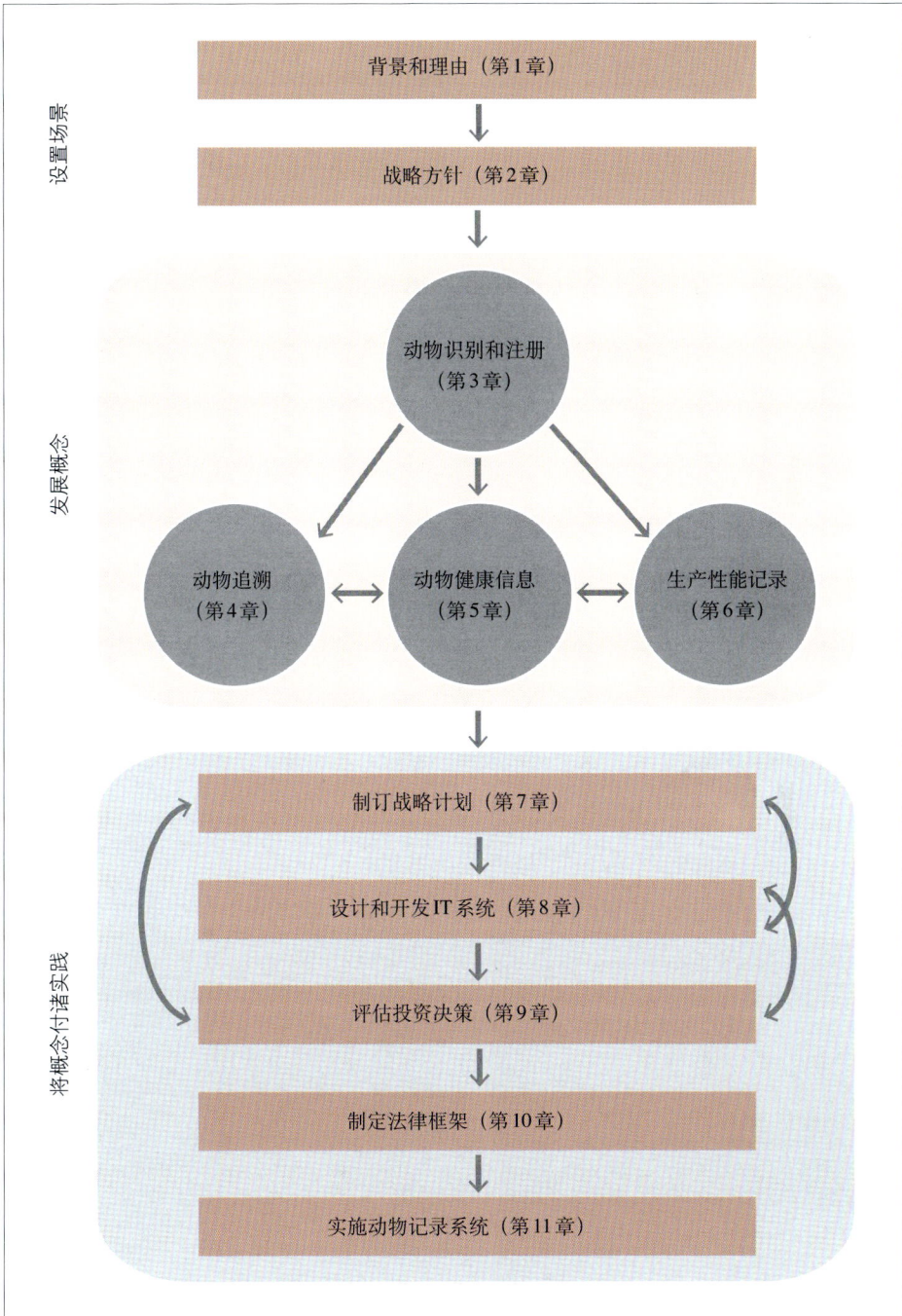

图1 制作和实施动物记录系统的过程

# 目　录

## 第1部分　设置场景

# 第2部分　开发概念

# 第3部分　将概念付诸实践

# 第1部分
# 设置场景

# **1** 背景和理由

## 1.1 介绍

　　动物记录系统吸引了全世界的注意力，包括高收入国家、中等收入国家和低收入国家。在高收入国家，动物记录系统由维护动物谱系细节的品种协会，实施遗传改良计划的育种组织，协助农民管理动物的畜牧业改良组织，根除布鲁氏菌病、结核病和瘙痒病等疫病的政府和兽医保健组织演化而来。然而，这些项目仅限于参与该方案的农场主或存在某些疫病风险的地区，在全国很少实施。在某些高收入国家，最近暴发的牛海绵状脑病（BSE 或疯牛病）、口蹄疫（FMD）、传统猪瘟、禽流感等疫病，导致大量动物被扑杀和销毁，并减少了对国际市场的供应。其中许多国家随后实施了全国动物记录系统，促进所有动物及其产品的完整追溯。

　　大多数中低收入国家尚未在国家层面甚至地方层面实施动物记录系统。然而，国内和全球动物产品需求的增长以及出口动物产品的新商机鼓励了许多这些国家的政府和畜牧业组织投资开发基础设施和程序，以提高动物的遗传潜力，控制流行传染病和寄生虫病，开发监测动物及其产品的追溯系统，提高人们采用新技术和系统的能力。动物记录在这些方案中的重要作用已经提高了中低收入国家在建立动物记录系统方面的兴趣。

　　由于社会经济条件、生产环境、畜牧服务提供者、兽医机构、资源可用性和农民的能力差异，高收入国家开发的动物记录系统在中低收入国家并不能直接复制。本章以中低收入国家的综合环境和需求为例，介绍了制定动物记录准则的背景和理由。

## 1.2 目标

　　本章有三个关键目标。第一，它描述了动物识别和记录系统的好处和受

3

益者。第二，回顾了选定的高、中、低收入国家实施的制度实例，并根据当前和过去的经验，突出重点。第三，概述现有的与动物记录系统有关的准则，并解释了本准则制定背后的理由。

# 1.3　福利和受益人

动物记录系统的主要目的是向农民、服务提供者、决策者等提供信息，使他们能够做出明智的决定并实施合适的计划。这些系统受益于各种学科，包括：动物和公共卫生与疫病控制；食品安全与质量；市场准入、贸易和经济增长；基因改良和生产；等等。这些受益人的福利总结为以下四方面：动物追溯、动物健康信息、生产性能记录及其他福利。

## 1.3.1　动物追溯

动物追溯形成了动物源性食品生产卫生控制系统的基础。它构建了动物健康、公共卫生、食品安全和质量三者之间的联系。可追溯性有很多用途，其中包括：

（1）**食品安全和质量控制**。正常开发的动物追溯系统是一种风险缓解工具，有助于确保动物源食品的安全和质量。它使食品在生产的所有环节都能追溯到其来源。这样可以在发现有风险的情况下，迅速有效地采取行动，以防止消费者接触到被污染或质量差的产品。在价值链受到污染时，它也可以实现食物的召回。然而，必须注意到的是，这些准则的范围仅限于从出生到屠宰或死亡的动物的可追溯性，而不能解决价值链上产品的可追溯性。

（2）**产品附加值**。动物可追溯性可以帮助验证有关食物产品的属性，如产品是否为有机生产，产品所来源的具体品种，是否遵循良好的动物福利规范或特定的喂养方式，是否使用抗生素和激素，以及是否在环境友好的条件下生产的。根本的原因是具有可追溯性的产品通常拥有较高的市场价格。追溯系统不仅提供此类事前信息，而且还可以使消费者免受因产品特定属性而带来的欺诈性索赔。

（3）**出口和认证**。动物追溯有助于出口国家达到进口国设置的卫生和植物检疫标准，并能提供签发出口卫生证书所需的信息。

可追溯性的收益人和受益人将因追溯系统的范围和全面性（即系统覆盖的供应链的程度和记录的详细程度）而有所不同。

追溯系统可能是强制性的，由政府机构控制，也可能是义务性的，由私营部门控制，用于个人供应链计划。强制追溯系统的主要目的是用于保护消费者。保护人类和动物健康，降低疫病暴发产生的公共损失，而使整个国家受益。随着食品安全保障性的提升，消费者将享受到基于其所购买和消费的食品特征的精确索赔。自愿追溯系统有利于供应链中的各部门，如生产者、加工商、经销商和出口商。它们还有助于降低风险，并尽量减少与食品安全和质量有关危机的成本和影响。最后，可追溯系统有助于加强区域合作，鼓励各国加强各自国家的兽医服务。

## 1.3.2　动物健康信息

动物健康信息记录是预防、控制疫病和改进兽医健康管理系统的重要工具。

（1）**疫病预防和控制**。健全的动物健康信息系统能够提供信息，使动物卫生官员能够确定动物群体的健康状况。对人口健康状况的评估是制定任何监督和控制战略以及适用区域划分政策的先决条件。它也使各国在履行动物疫病通报的国际义务方面发挥重要作用，并在发生紧急情况时实现预警和快速反应。及时快速反应能够减少直接和间接损失，并有助于恢复消费者的信心。最后，全面的动物健康信息系统有利于进行风险评估研究。

（2）**疫病预防和兽医健康管理**。动物健康信息系统在评估疫病发病概率和疫病对动物行为和死亡率影响方面，是一个有用的工具。系统收集兽医治疗数据、实验室数据、诊断信息和与农场管理实践相关的健康信息，并向农民和兽医提供兽医健康信息，有助于降低疫病的发病率，减少动物的损失。

## 1.3.3　生产性能记录

生产性能记录的福利和受益者取决于记录系统的目的和范围。记录有很多用途，包括下列各项。

（1）**动物生产性能基准水平的建立**。一个国家必须清楚其主要生产环境和生态区的主要牲畜品种的真正生产能力。全国动物记录系统可以生成有关牲畜数量的统计数据。然而，需要注意的是动物记录不能代替牲畜普查。如果系统还具有行为记录组件（适用于家畜群体），那么它可以产生针对特定物种的生产和生产力的有效数据。应根据生产环境中的约束来分析这些数据。动物遗传资源的表征在品种层面产生相同的结果，从而可以确定品种在其生产环境中的生产能力。为了加强国家粮食安全，提高牲畜生产力而制订战略和计划时，生成的数据可以为畜牧组织、公共和私人决策者以及农业规划者提供有价值的参考。

（2）**生产系统的替代品评估**。通过生产性能记录收集的信息为提高生产实践提供了重要数据（例如，改进的饲养策略、更好的保健选择、适当的品种或杂交，以及畜舍替代品），这有助于改善粮食供应，提高在全球市场上的竞争力，推动经济可持续发展，保护环境和稳定社会。因此，生产实践的进步不仅有利于参与生产性能记录活动的农民，也会使整个农村社会获益，最终使消费者受益。插文1显示了这种效益如何扩大到全国。

（3）**个别动物管理**。个别动物生产性能数据可以帮助农民进行淘汰决策和规划投资，有利于农民对农场的日常管理。信息的系统利用有助于农民在生长、繁殖、生产、营养和健康等环节提高动物的产出能力。然而，没有参与动物养殖的小农户，很难得到行为记录数据带来的预期效益。因此，称职的公共机构必须能够提供充分的财力支持和智力支持，使农民享有行为记录带来的全部收益。

### ➲ 插文1　通过价值链实现生产性能记录效益的流动：以乳制品为例

牛奶中白细胞的浓度，称为体细胞计数（SCC），是牛奶卫生质量的指标。低SCC是理想的，高SCC是乳房感染（乳腺炎）的表现。大多数牛奶加工商对提供高SCC牛奶的供应商进行惩罚，并为低SCC支付溢价，因为高SCC对产品产量和质量产生不利影响。

个体牛SCC被广泛记录在乳制品记录方案中。农民使用单个奶牛的SCC结果实施畜群改良措施（例如，别除高SCC奶牛的产奶量，宰杀SCC持续高的奶牛，从SCC较低的动物中选育替代品），以减少向加工商销售的牛奶的SCC。除了节省与高SCC相关的成本，如废奶、兽医费以及抗生素和其他治疗药物之外，还可以增加销售牛奶的收入。

针对牛奶高SCC而做出的决策，可以使价值链中的所有成员受益。农民将拥有更长生产寿命的奶牛，因为乳房感染是非自愿淘汰的主要原因。购买牛奶的加工商将生产更多更优质的乳制品（残留物较少），消费者将为此支付更多的金钱。这些产品的经销商将面临较少的产品质量风险。最后，消费者将享受到质量更好、更安全的产品。

此外，国家食品质量安全将有所改善，公共卫生和全球竞争力将更好。治疗感染的奶牛过程中使用更少的化学物质，将减少环境的污染，为整个国家带来好处。较低的乳房感染也意味着提高动物福利。

由Cuthbert Banga提供。

（4）**遗传改良**。遗传改良的生产性能记录旨在识别和交配优质动物，以生产优质畜群替代品或作为特定动物品种的幼崽出售。遗传改善需要维护亲子记录，并且记录程序必须以严格一致的方式覆盖动物的多个世代。遗传改良的生产性能记录使参与的农民和整个国家畜牧业都受益。这是因为遗传改良是永久性和累积性的——一轮选择将推动所有后代的改良，例如，疫苗接种需要适用于每组新动物。此后的选择建立在此前的改良之上。然而，与通过管理干预措施（如疫苗接种或饲料补充）相比，每年少于3%的年度改善率显得较小。因此，至少在初始阶段，很有必要以补贴劳动、设备或其他生产投入的形式来建立动物记录程序的支持机制。

生产性能记录可以提高动物食品生产的效率，当与追溯系统相结合时，可以为消费者带来安全的动物食物，增加农民收益。畜牧业中的不同行为者的生产性能记录能够带来多重好处，提高此认识，可以帮助他们了解、参与和建设。

### 1.3.4 动物记录系统的其他益处

动物识别和记录也可以帮助阻止牲畜被盗，防止补贴欺诈。

（1）**认证，防止库存盗窃，以及在受灾地区定位和抢救动物**。动物识别和记录系统可用于解决所有权争议，减少库存盗窃和帮助定位动物，并将其归还给受灾地区的合法所有者。在该系统中扩展生物样品的储存功能，就可以通过使用分子遗传学技术帮助解决纠纷。

（2）**管理补贴和防止欺诈**。正确支付补贴或税费需要有关动物编号、持有人和所有者的准确数据。由于动物记录提供了这样的数据，它可以在补贴支付计划中支持行政程序和防止欺诈。它还降低了与控制应用相关的成本。

（3）**动物保险**。通过为被保险的动物及其合法所有者分配唯一的识别码，动物记录系统可以简化管理非法保险计划的程序，减少欺诈性保险索赔。

## 1.4 动物记录系统的实施状况

大多数高收入国家和某些中低收入国家都实行了动物记录系统。以上总结了实施这种制度的主要动机，但具体原因可能因国而异。本小节概述了在高、中、低收入国家实施的几种动物记录系统，并突出了经验教训。

### 1.4.1 高收入国家

许多高收入国家实施了全国动物记录系统，此举使得该国畜产品能够进入某些市场，并且加强农畜消费者信心。示例包括：

（1）**澳大利亚**。强制性的国家畜牧鉴定系统自2005年7月起实施。该系统由澳洲肉类及畜牧业协会管理，实现从牛犊直到屠宰或死亡的追溯，以控制传染病和实现市场准入①。2008年，为羊开发了动物记录系统。这两种动物记录系统都与动物疫病监测和情报系统有关，这些系统收集了牲畜市场、屠宰场、饲养场和拍卖市场的数据。

（2）**加拿大**。2001年加拿大引进了一个自愿性牛记录系统，并于2002年成为强制性的。该系统由加拿大牛鉴定机构监管，该机构是一家行业主导的组织，负责管理个体牛的身份识别和直到被屠宰或死亡的追溯。这种动物记录系统的主要目的是实现动物的可追溯性，以控制传染病和实施市场准入②。

（3）**欧盟国家**。在2000年之前，只有一些欧盟成员国实施了国家动物记录方案。在法国，国家计划于1969年启动，以建立有组织的育种计划，1978年更新，要求强制性的个体识别③。英国于1998年推出了强制性的追溯系统，用于识别和追踪该国的所有家畜，主要是为了疫病控制、食品安全和市场准入④。第一个相关的欧共体（EC）规则是第92/102 / EEC号指令，其中规定了对动物识别和注册的最低要求。其次是理事会条例（EC）第820/97号，建立了牛科动物识别和注册以及牛肉和牛肉制品标签系统。该条例于2000年由理事会条例第1760/2000号更换，其中规定了欧洲牛科动物识别和注册系统的要素，并要求每个成员国遵守。该系统的主要目的是便于实现对牛科动物的追溯，以控制传染病的传播，并改善对补贴计划的管理⑤。欧盟羊识别系统于2004年实施。自2005年以来，欧盟立法规定，肉类必须根据其衍生的动物或动物群体以及加工的国家和设施进行识别⑥。欧盟还规定，除了其他最低限度的卫生和植物检疫措施外，希望将动物和动物产品出口到欧盟的第三方也必须制定有效的动物记录系统。

（4）**日本**。自2004年以来，日本已经实施了强制性的动物识别和追溯系统。该系统实现从动物出生到屠宰的追溯，并通过分销链达到从屠宰场到消费者的全程跟踪⑦。

（5）**韩国**。自2004年以来，韩国已经推行了一个强制性的全面追溯体系，名为牛肉追溯系统。农林省管理传染病控制体系，确保食品安全⑧。

---

① 见 www.mla.com.au/meat-safety-and-traceability/National-Livestock-Identification-System

② 见 www.canadaid.com and www.inspection.gc.ca

③ 见 http://en.france-genetique-elevage.org/Identification-and-traceability.html

④ 见 https://www.gov.uk/guidance/cattle-identification-registration-and-movement

⑤ 见 http://ec.europa.eu/food/animal/identification/bovine/index_en.htm

⑥ 理事会条例（EC）21/2004（经修订的EC 933/2008号条例）和EC / 178/2002条例。

⑦ 见 www.nlbc.go.jp/en/index.html

⑧ 见 Lee 等（2011）。

（6）**美国**。自2004年以来，美国一直在实施国家动物识别系统，该系统建立在美国农业部（USDA）动植物卫生检验局（APHIS）发起的早期计划的基础之上。该制度是自愿的，并且以州、联邦级机构、畜牧行业组织三者之间的伙伴关系为基础。该系统的主要目的是为了能够控制疫病、实现动物的可追溯、促进市场准入[1]。美国农业部还制定了一项新的动物疫病可追溯规则，该规则于2013年3月生效。该规则指出，应在任何州际流动之前完成动物识别[2]。这适用于牛、羊、猪、马和家禽，必须根据物种来选择单独识别或分组识别。联邦标准规定了最低要求，如果各州愿意，可以选择实施更严格的制度。

这些国家都制定了法律和监管框架，为实施其动物记录系统提供规则和条例。有关这些系统的更多信息，请见脚注中列出的网站。

## 1.4.2　中低收入国家

动物记录系统在中低收入国家并不常见，原因如下：

- 这些国家通常出口少量剩余的动物产品，大多数食品在当地生产和消费。
- 分销链不发达。
- 一般来说，国内消费者不愿意为被识别和追溯的动物产品支付高价。
- 由于当地品种较差，生产条件艰巨，动物生产力较低。

然而，全球对动物产品的需求不断增长，为许多拥有大量畜产品的中低收入国家出口动物产品创造了机会。由于这些国家的肉类出口商必须提供关于屠宰动物的某些最低限度的信息，以便达到进口商的要求，他们正在向各国政府施加压力，开发用于动物识别和注册、追溯、疫病记录和疫病监测的动物记录系统。国内和国际对动物产品的需求增加也促使这些国家的政府投资于基础设施，以提高畜产品的生产效率，促进遗传改良和保护动物免遭疫病侵害。许多中低收入国家对当地适应品种的价值意识越来越高，这也引发了各国政府开展系统的品种保护和发展计划，其中动物记录系统是其重要组成部分。几个中低收入国家已经开发或正在开发国家记录系统。已经实施一段时间的系统的示例描述如下：

（1）**阿根廷**。2003年，阿根廷政府成立了动物健康信息系统。阿根廷国家卫生和农业食品质量服务机构运行该系统主要是为了进入欧盟牛肉市场[3]。在这个系统下，牛通常被分组识别。随后的立法，通过使用耳标对2007年9月以后出生的所有犊牛进行强制性身份识别。要求在2017年，实现所有肉牛被单独识别和追溯。

（2）**博茨瓦纳**。博茨瓦纳于2004年开发并实施了符合欧盟出口要求的先

---

[1] 见 https://www.aphis.usda.gov/traceability/downloads/NAIS-UserGuide.pdf

[2] 见 www.aphis.usda.gov/newsroom/2012/12/pdf/traceability_final_rule.pdf

[3] 见 www.senasa.gov.ar；www.sgsgroup.com.ar

进的家畜识别和追踪系统（LITS）[①]。该系统依据家畜品牌法案和个体动物识别技术，对家畜品牌进行整合。它使得发行品牌证书、迁移许可和产权文件变化等一些活动电子化。博茨瓦纳的家畜识别和追踪系统，最初使用插入网状血清栓塞（见第3章），直到2013年，开始使用射频识别装置（RFID）型耳标。虽然建立家畜识别和追踪系统的主要驱动力是进入欧盟市场，但其实施不但减少了家畜盗窃案件，也使家畜营销支付系统和屠宰操作得到了改善。

（3）巴西。2002年，巴西农业、畜牧和供应部创建了巴西牛识别和认证系统，用于识别和追踪所有的牛。该系统起初是一个强制性项目，逐渐演变为一个自愿性项目，并仅限于为向屠宰场供应动物提供法律依据，而这些屠宰场主要是为国外市场尤其是欧盟市场提供肉类[②]。然而，巴西的一些州（如圣卡塔琳娜州）正在推行强制性身份识别系统。

（4）印度。印度的国家乳品发展委员会（NDDB）开发了一个集成的动物记录系统，被称为动物生产力与健康信息网络（INAPH）[③]。该系统包括动物识别和注册，主要用于生产性能记录（包括人工授精、产奶记录、谱系检测、日粮平衡、兽医治疗、诊断、测试和疫病暴发）。它也可以用于追踪动物和控制传染病。NDDB会接收来自全国各地INAPH用户的数据，并维护中央数据库。用户还可以从系统收到所有必要的信息，以此来完成日常工作。

（5）纳米比亚。1999年，纳米比亚出台了由纳米比亚肉类委员会管理的扇肉计划。根据这一计划，商业农场必须用显示唯一识别号码的耳标来识别每只动物。兽医服务局负责发放耳标和畜禽迁移许可证。最近，纳米比亚在商业和公共生产环境中，已经使用双重RFID耳标来代替条形码耳标签。2012年之前，动物记录系统没有覆盖FMD警戒线以北的北部公共区域的动物。相反，他们使用公共品牌系统来进行识别。在动物的生命周期中，每个农民都必须在该动物死亡或被农场屠宰后，提交一些文件，包括佩戴耳标后的动物注册证和牲畜死亡登记表[④]。该系统的开发主要是为了达到向欧盟和南非出口肉类的标准。动物的来源必须在到达屠宰场时注明，无论他们来自商业还是公共场所。胴体应该被标注含有所有者、屠宰日期、屠宰和称重的屠宰场等信息的标签。然后将此信息用于追溯在国内或国际销售的任何肉类。

（6）乌拉圭。自1974年以来，乌拉圭运行了一个群体追溯系统。2006年9月，政府根据2006年8月2日第17997号法律，推出了动物识别和注册系统

---

① 见ec.europa.eu/food/fvo/act_getPDF.cfm?PDF_ID=10380

② 见http://www.icar.org/Documents/technical_series/tec_series_15_Santiago_Chile.pdf

③ 见http://www.nddb.org/resources/inaph

④ 请参阅www.nammic.com.na/jdownloads/Manuals/fanmeatmanual.pdf上的生产者标准

(SIRA)。其次是根据第266/2008号法令，要求对单个牛实施强制性追溯。隶属于农牧渔业部的畜牧管理办公室负责管理SIRA[①]。

# 1.5  考虑要点

本章总结了实施动物记录系统时要考虑的要点。这里的陈述和建议是基于：上述案例研究的经验教训，相关研讨会的成果，FAO及其合作伙伴组织的相关专题讨论会和讲习班，以及作者的经验。要点如下：[②]

动物可追溯性，传染病控制和促进食品安全应被视为公众福祉，因为它们为农民、消费者和整个国家带来福利，不论其是采取公共还是私营部门的形式出现。通过使当地动物食品生产者和加工商在全球市场上更具竞争力，提高出口能力，可追溯性不仅有助于发展个体经营，也有助于国家经济增长和发展。

通过养殖和改善农场管理提高动物产量和生产效率是私营部门对私人商品的贡献。确定利益相关者参与系统所产生的利益，需要参与的利益相关者共同协商。利益相关方的加入是经济可持续发展的先决条件。动物识别和记录系统的公共和私人性质，要求采取参与式方法和公共－私营伙伴关系来开发和运行动物记录系统。

如果预期收益清晰可见，参与的利益相关者数量会不断增加。因此，在规划阶段，通过参与式需求评估来探讨系统的不同用途和好处。必须明确界定参与的好处和不参与动物记录系统的缺点，并将其传达给所有利益相关者。

在开发新的动物记录系统时，必须评估潜在的动机以及当前的状况和生产系统，并确定每种情况下的可行措施。虽然各国可以借鉴彼此的经验，但国家专门研究是必需的，因为没有一个适合所有国家的模式。

任何制度必须适应其经营环境，包括生产环境和社会经济状况，畜牧业服务机构和兽医机构的状况，农民和官员的能力水平，通信网络状况和可用资源（人力和财力）。

国家动物识别和记录系统的发展需要国家法规的支持，特别是在将动物卫生和追溯设置为首要目标的条件下。

各国应避免在匆忙的情况下发展动物识别记录系统及其相关规则，比如在贸易伙伴的压力下。这种复杂系统的发展需要时间，压缩过程将最终导致额外的成本。

动物记录系统的开发应分阶段进行；应该逐步扩大到新的地区、物种和

---

① 见 www.inac.gub.uy/innovaportal/file/5219/1/libro_trazabilidad_ingles.pdf
② 见 www.fao.org/fileadmin/templates/raf/pdfFiles/AIR_Pretoria_Declaration.pdf

其他功能。但是，这种策略可能并不总是易于实现。例如，动物迁移可能导致识别的动物和未识别的动物之间的接触，使得动物的可追溯性更加困难。同样，必须引入可以升级的模块化系统，以便逐步覆盖新的功能或活动。

动物识别和注册构成任何记录系统的基础。因此，在一个国家内为单个动物或动物种群，畜舍及其所有权人分配唯一的识别号码，是运行任何动物记录系统的先决条件。其他模块或系统，如追溯系统和生产性能记录系统，可以被添加或关联。

各国应遵循国际标准和质量协议，并使用认证产品来确保质量。国际动物记录委员会（ICAR）的指导方针和标准可作为参考。国际标准还允许区域或国际层面的互操作性，因为系统的某些方面，如防盗系统或育种，需要区域合作。区域管理的协调是加强区域合作的又一步骤。

综合动物记录系统需要适当的软件。一些预先设计好的商业软件包可供购买，或者可以在本地开发所需的软件。需要注意的是，预先设计的商业软件不太可能提供足够的可定制性，来满足新的动物记录系统的所有要求。然而，开发定制软件是一个昂贵、耗时和复杂的过程。尽管如此，如果有足够的资源和能力，建议本地开发软件以满足特定的需求。

多用途动物记录系统的开发和维护是复杂的，需要长期的人力和财力资源。不应该忽视这一点的重要性。

动物识别和记录系统的公私双重性质，会引起多重后果。国家经验表明，纯粹的公共系统是不可持续的，因为执行和运营成本很高。

在引进动物记录系统的决定之前，重要的是对项目进行成本效益分析。然而，利益通常是无形的，而不是以货币计量的。然后，经济分析仅限于成本计算和对采用不同选项建立动物记录系统或方案的成本进行比较分析。结果应该告知利益相关者，包括资助机构。从一开始就确认利益相关者的义务，对于成功实施任何动物记录项目至关重要。虽然公共资金在这些项目开始时通常是起到关键作用的，但长期可持续性对于系统的发展也很重要，以便在包括农民在内的所有受益者之间分担经营成本。

大多数技术问题在外部专业知识和能够复制的经验的协助下可以解决。然而，许多国家的例子表明，制度问题难以克服，必须在国家层面加以解决。这一类的问题包括治理和法治问题，指定主管当局（如畜牧局或兽医机关）以及所收集数据的所有权。主管当局应是各利益相关方的协调者，而不是系统的唯一实施者。

为终端用户提供定期培训和教育计划对于实施和维护任何动物记录系统都至关重要。向最终用户提供在线帮助以便出现问题时对其进行故障排除。

## 1.6　审查现有准则

已经制定了许多指南，以促进全球动物记录系统的标准化。这些指南适用于高收入国家，其动物记录系统已经一定程度地实现了标准化。鉴于大量小规模生产者的存在以及低等和中等投入系统的流行，它们在中低收入国家直接应用会引起争议。本章回顾了现行准则及其在这些国家，特别是小规模生产环境中的适用性。

（1）OIE活体动物识别和追溯准则。OIE出版的《陆生动物卫生法典》第4.1和4.2章节[①]分别规定了动物识别和追溯的一般性原则与动物识别系统的设计及实施准则。这些准则描述了识别和追溯系统的基本要素以及并发此类系统时要遵循的逻辑步骤。但是，它们没有就如何实施这些步骤提供实质性的指导，也没有提供关于不同方案的利弊的实际例子和信息。

（2）ICAR准则。ICAR是一个全球性的非营利组织，可促进动物记录和生产力评估的标准化。其目的是通过制定经济重要性特征测量的定义和标准，促进农场动物记录和评估的改进。ICAR网站上提供了ICAR国际记录实践协议，其中包含有关动物记录所有方面的自愿性标准、规则和指导原则[②]。本节详细介绍了动物识别和记录的可接受方法，并以此作为指导。

ICAR准则主要由那些开发出最先进的动物识别和生产性能记录系统的技术人员撰写。他们在与生产性能记录有关的所有事宜上提供了良好的参考资料，包括动物识别、测量、性状计算以及遗传评估。然而，ICAR准则并没有为这些一般原则如何适应中低收入国家提供指导。因此，ICAR成立了发展中国家工作组，其主要任务之一是简化和调整ICAR准则的相关章节，以适应这些国家的中低投入生产体系。

（3）FAO二级准则。中等投入生产环境动物记录。1998年，FAO制订并出版了《国家农业动物遗传资源管理计划——中等投入生产环境动物记录发展的次要准则》（以下简称FAO次要准则）[③]。它们全面介绍了生产性能记录和生产性能记录方案规划与实施的福利和受益者，并对这些计划的机构和运作组织提供了逐步和详细的指导，利用结果信息，并特别关注中型投入生产系统。

自FAO次要准则发布以来，畜牧生产和贸易领域出现了一些积极变化。主要是彰显了动物健康和追溯的重要性，这已成为动物记录的主要动力之一。

---

[①]　见www.oie.int/international-standard-setting/terrestrial-code/access-online

[②]　见www.icar.org/pages/recording_guidelines.htm

[③]　见www.fao.org/AG/AGAInfo/resources/en/pubs_gen.html

因此，在国家动物记录的大背景下考虑生产性能记录，并建立与动物识别和注册、可追溯性、动物健康信息的联系是很有必要的。

总之，需要新的指南，支持各国开发包含动物识别和注册、动物追溯、动物健康信息和生产性能记录的综合性多用途动物记录系统。应该借鉴过去和现在的经验教训，具有切实的重点，并用于支持实施可持续动物记录系统时的决策。还需要有指南，更多考虑低收入国家的中低投入生产环境，这些生产环境的共同特征见插文2。

### ➲ 插文2　使动物记录系统适应发展中国家的低投入生产环境

在发展中国家低投入环境下实施动物识别和记录方案时，不宜采用与发达国家高投入生产环境相同的标准和指南。在这种环境中实施动物记录技术时，应考虑以下因素，即发展中国家低投入生产体系的特点：

- 低外部投入。低投入生产系统的特点是资本有限或购买外部投入。动物生产通常是低成本的，主要取决于当地的动物遗传资源。外部投入的使用可能几乎不存在（如温饱型农牧系统），难以实施昂贵的技术。
- 资源获取有限。诸如土地、饲料、水、金融和服务等在发展中国家的低投入环境中是稀缺资源。由于粮食需求不断增加，大量牧场转化为农田，进一步恶化了饲料供应状况。
- 基础设施不足。将在高投入环境中开发的技术转移到发展中国家低投入环境的任何努力，都必须认识到：发展中国家普遍缺乏基础设施。值得注意的是，信息通信技术系统、营销服务、运输系统、设备和实验室等设施对于动物记录系统的正常运行至关重要，但发展中国家贫穷并且缺乏这些设施。
- 知识缺乏和识字水平低。据联合国统计，98%的文盲生活在发展中国家，集中在南亚、西亚和撒哈拉以南非洲地区。这对实施动物识别和记录系统构成严重挑战，因为这些系统高度依赖于良好的数据收集和记录保存。
- 家畜的多种用途。家畜一般在发展中国家有各种用途。这对于要记录的数据类型、使用的记录方法和数据在生产性能记录中的使用具有特别的影响。

在将动物记录系统适应低投入生产环境时，重要的是考虑上述所有因素和特征，并确保满足最低条件；否则所产生的系统将不会有用或可持续。

# 2 战略方针

## 2.1 介绍

第1章概述了动物记录系统的潜在优势，并提供了在不同国家实施的动物记录系统的示例。这些示例表明，需要通过采用多用途方法来扩大动物记录的范围。本章介绍了这种方法，将其转化为一个综合性多用途系统，并描述了开发此类系统的逐步过程。随后的章节为每个单独的步骤提供详细的指导，并进一步描述了相关的概念和方法。

## 2.2 目标

本章的目的是描述开发综合性多用途动物记录系统的战略方法。

## 2.3 多用途办法的概念

图2说明了动物记录在国家畜牧业中的多重用途。动物记录是建立和实施遗传改良计划的先决条件。它还向兽医和其他卫生专业人员提供宝贵的健康相关信息，使其能够制定和实施疫病预防和控制策略，有助于动物追溯和疫病控制。动物及其产品的可追溯性有助于公共卫生专业人员快速识别风险来源，并防止被污染或质量差的产品接触消费者。动物追溯系统的实施可以提高市场准入的门槛，为价值链中的生产者和其他参与者带来更大的收入。因此，动物记录系统不仅仅是信息系统，也是畜牧业发展的有力工具，对全球粮食安全和扶贫做出贡献。然而，为了使动物记录系统发挥作用，它们必须得到配套的公共和私人政策支持，并附有法律和体制框架。

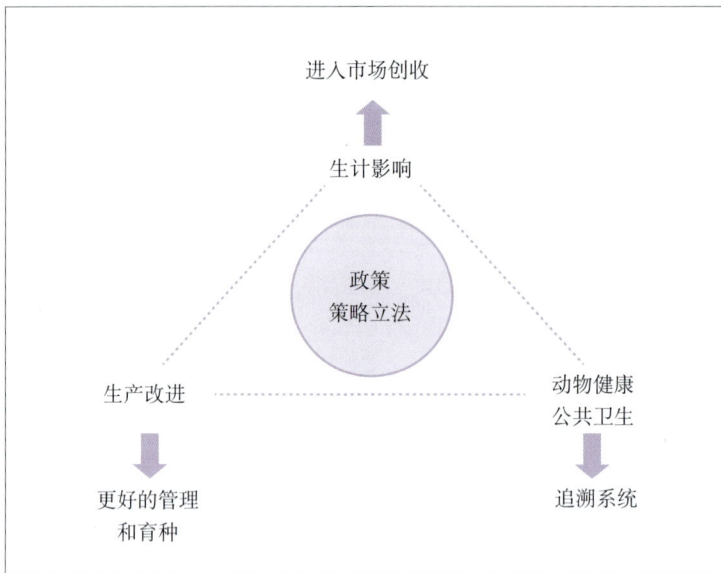

图 2　全球动物记录方法

# 2.4　综合性多用途系统

## 2.4.1　多用途动物记录系统的组成部分

多用途动物记录系统可以包括以下四个组件：①动物识别和注册（I & R）；②动物追溯（AT）；③动物健康信息（AHI）；④生产性能记录（PR）（图3）。动物识别和注册组件提供信息以支持其他三个组件，其在各自领域中提供附加的功能和数据元素。选择这种结构有两个原因：它以清晰简单的方式呈现系统的组件，并为建立模块化系统奠定了基础。

## 2.4.2　组件之间的集成和交换

动物记录系统是两个、三个或四个组件的组合，取决于所期望的目标。每个组件必须分开开发，但所有组件必须一起工作，才能达到效果。由于财务或其他限制，在业务起始阶段，开发动物记录系统不可能涵盖所有组件。在这种情况下，有必要优先制定和实施这些最符合国家要求的部分，然后可以在稍后阶段开发不太关键的组件，并将其集成到现有的动物记录系统中。

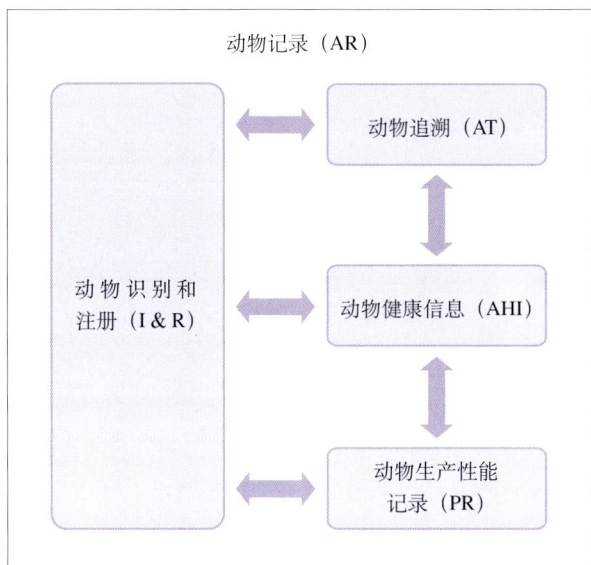

图3 以动物识别和注册为核心的综合性动物记录系统

在很少或根本没有实施动物记录系统的国家，如果有必要的资源，最好从一开始就开发一个完全集成的系统。在这种状况下，推荐的方法是设计一个将所有组件集成在一个中央数据库中的系统中，即使在各组件分阶段实施的情况下，也不会影响该方法的使用。这种动物记录系统的组件被称为"模块"。使用单个中央数据库大大降低了实施和维护系统的成本，并大大提升通信速度，使得迅速采取行动得以实现。

在许多国家，很可能已经存在着一些未连接的单一或多用途信息系统。这些系统可以在不同的区域建立数据库，并且可以由不同的机构来运行。合并这些系统将是昂贵的和不切实际的。在这种情况下，一种可能的解决方案是建立这些不同系统之间的联系，使数据库和应用程序能够：①输出和输入数据（技术细节见第8章）；②通过从其他数据库中提取数据生成报告并进行分析。动物记录系统的不同组件及其各自的数据库被称为"子系统"。重要的是要记住，只有动物识别和注册子系统才能分配动物和场所代码，然后将其提供给所有其他子系统。例如，如果不同的子系统相互协调和通信，那么关于疫苗接种、治疗、测试、疫病监测和畜群健康管理的兽医数据就可以与个体持有数据和动物数据联系起来。不同动物记录子系统的开发和整合，应确保数据只需收集和输入一次。它还应当准许所有参与组织能够根据各自需要访问通用数据库。

## 2.5 开发动物记录系统的步骤

这些准则已经准备好向用户提供如何制订和实施动物记录系统战略计划的分步指导（图1）。主要有两个步骤：①发展观念；②将概念付诸实践。

### 2.5.1 发展概念

有多种设置动物记录系统组件的方法。为了解决这些差异，准则首先为每个组件制定一个概念框架。第3章、第4章、第5章和第6章分别制定了动物识别和注册、动物追溯、动物健康信息及生产性能记录的概念框架。它们描述了不同解决方案的结果，并提供了针对特定情况做出正确选择的理由。

（1）**动物识别和注册**。动物识别和注册是指畜舍、饲养者和畜主及动物的识别和注册。第3章介绍了这些要素，并介绍了收集的相关数据。它描述了可用于识别动物的选项，并指导符合目标的最佳动物识别方法。动物识别和注册系统的开发需要适当的信息技术（IT）、政策、立法和机构支持。还强调了它们在制定和实施有效动物识别和注册制度方面的重要性。

（2）**动物追溯**。在这些准则中，动物追溯是指在单个动物或动物种群整个生命周期内获取其履历的能力。实质上，这主要指动物迁移的可追溯性。第4章回顾了动态追溯系统的多个目标，确定了这种系统的要素以及跟踪单个动物或动物种群的不同选择，并描述了每种情况下要收集或提供的数据。这些准则将帮助用户根据既定目标选择最适用的动物追溯系统及其组成部分。

（3）**动物健康信息**。动物健康信息系统可以实现不同的目标，包括根据立法和兽医服务优先事项支持动物疫病通报。该系统通过提供协助预防疫病的发展及控制措施的数据来支持疫病监测和风险管理。第5章描述了动物健康信息系统的主要内容，并为正确评估这些系统要素特征提供指导。它还为开发动物健康信息系统提供了重要建议。

（4）**生产性能记录**。生产性能记录主要是对各种动物生产性能指标进行客观和系统的测量。还可以收集诸如动物的身体特征、谱系和与之相关的事件等数据。FAO次要准则全面说明了效益和受益人以及生产性能记录方案的规划和进行情况。第6章并未探讨与上述指导方针相同的理由；相反，它将生产性能记录放在国家动物记录的大背景下，突出生产性能记录、动物识别和注册、可追溯性和动物健康信息之间的联系。该章回顾了生产性能记录的多个目标，考察了不同类型的生产性能记录系统和这些系统的要素，并描述了在每种情况下要收集或提供的数据，并给出一个主要基于乳制品的记录案例，对生产性能记录进行说明。

## 2.5.2 将概念付诸实践

根据准则第1部分和第2部分制定的概念框架，第3部分提供了如何准备和实施综合性多用途动物记录系统的指导。分为三个步骤：

（1）制定战略；

（2）制定法律框架；

（3）实施动物记录系统。

### 2.5.2.1 制定战略

战略的发展涉及一个迭代过程，包括三个步骤：准备战略计划；设计和开发IT系统；评估投资决策。如果估算的成本超过预算，则必须重新审查和修改战略计划和信息系统，重新估算成本和收益。这种迭代过程一直持续到执行确定活动的费用与可用资金相匹配（图1）。

（1）**准备战略计划。**战略计划应确定动物记录系统的目标和范围；确定参与的利益相关者及其需求；选择系统类型并定义其元素；指定数据收集、存储、处理和报告的规则和程序；说明开发软件应用程序和构建IT基础架构所需的IT技术。战略计划还应明确所需的法律和体制支持，并提出详细的实施计划。最后，战略计划应明确人力资源需求和专项资金预算。第7章提供了关于如何进行国家形势评估和制订这样一个战略计划的指导。所有动物记录系统组件的战略计划是一致的，但在必要时也可以存在一定的差异。

（2）**设计和开发IT系统。**IT系统用户可以捕获、验证、处理和存储数据，并将相关报告生成发送给相同或其他用户，来进行决策和规划。IT系统有两个组件：软件应用程序和硬件基础架构。第8章提供了关于采购或开发用于综合性多用途动物记录系统的软件应用程序以及配置所需计算机硬件的指导。它特别侧重于编写用户需求规格说明，这可能对开发过程的成功产生重大影响，还提供了如何向IT公司发出招标要求并开发和测试软件的指导。

（3）**评估投资决策。**开发国家动物记录系统需要大量投资，不仅要开发和实施该系统，还要确保它的维护。成本效益分析有助于对这种投资进行决策。成本效益分析包括：①成本估算；②效益估计；③评估成本效益关系。

成本估算需要明确所有成本项目并确定每个成本项目的单位成本。效益估计涉及明确和量化效益。评估成本效益关系应该在经济学的理想情况下进行。在成本效益关系分析不能使用的情况下，应该详细制定替代标准。第9章详细列出了动物记录系统（特别是动物识别、注册和追溯系统）的成本和收益，并讨论了成本效益关系。它还明确了降低成本并在主要受益人之间公平分配成本的方法。

### 2.5.2.2　制定法律框架

动物记录系统的实施必须得到适当的法律框架的支持。要做到这一点，首先必须对国家现行的相关立法进行详细分析，包括其范围和遵守程度。因此，有必要更新现行法律，以支持动物记录活动，或为此制定新的法律。在这个过程中，重要的是考虑动物记录系统的法律需求边界，以及是否自愿或强制性地遵守。后者不仅取决于预期的结果，而且取决于该国是否有足够的资源来运作强制性系统。第10章为制定支持动物记录系统的法律框架提供指导。

### 2.5.2.3　实施动物记录系统

动物记录系统在大范围应用之前，应在一个较小的区域实施试点项目，以测试其功能。实施活动，无论是在试点区域还是在扩展区域，可分为三个阶段：准备阶段、执行阶段和维护阶段。一旦进入维护阶段，必须定期对系统进行独立评估，以确保其符合标准操作程序。第11章将介绍每个阶段进行的主要活动。

# 第2部分
# 开发概念

# **3** 动物识别和注册

## 3.1 介绍

动物识别和注册（I&R）[①]是动物记录系统的核心组成部分（图3）。本章描述了I&R的概念框架，其重点在于对畜舍、饲养者和畜主及动物的识别和记录。准则的第3部分涉及制订和实施建立I&R系统的战略计划，并描述如何将概念框架付诸实践。开发I&R系统的过程类似于开发动物追溯系统、动物健康信息或生产性能记录系统的过程。因此，这些过程将在本指南的后续章节中讨论。

## 3.2 目标

本章的目的是描述I&R系统的要素，并为如何选择最合适的动物识别方法提供指导。

## 3.3 开发概念框架

I&R涉及畜舍（有时指企业的或控股的）识别和注册、饲养者和畜主以及动物的身份识别和注册。本章将充分考虑这些元素，并对每个需要收集的数据加以描述。本节还规定了可用于动物识别的选项，并确定了选择动物识别方法时应遵循的准则。I&R系统的开发需要信息技术、政策、法律和制度等各方面的支持。

---

① 这个首字母缩略词仅用于本章，以便于阅读。

## 3.3.1 畜舍的识别和注册

"畜舍"一词是指动物长期存在其中的地理位置和地区，如家庭、农场或饲养场，或临时处理动物的地方，如市场、屠宰场、检测中心、浸槽、常见的剪切棚或放牧牧场。"畜舍"也可以是迁移的，如卡车、火车或船只。在该准则中，"畜舍""地产"和"建筑"被视为同义词。为了方便进行地理可追溯，每个畜舍都应有独特的畜舍代码标识。即使放牧，牧民或畜群所有者迁移到另一个地点时，畜舍代码仍然分配给特定的地理位置。因此，畜舍代码标识地理位置而不是所有权。如果动物的拥有多个农场，则每个位置必须具有唯一的畜舍代码。畜舍代码必须与动物、饲养者和畜主联系起来。

所有畜舍必须要有畜舍注册表，其中包含畜舍代码、有位置代码的地址、畜舍地理坐标、兽医管理代码、保管员的姓名和地址以及个人身份证号码、畜舍持有人的姓名和地址以及个人身份证号码、兽医执业者姓名以及该畜舍饲养的所有动物的综合参数（图4）。动物摘要包括动物物种、生产类型（如乳制品或牛肉）、确定的群体（如牛、小母牛和公牛）以及畜舍内所有动物的健康状况信息。

图4所示的畜舍注册的示意与手动和计算机化系统相关。在手动系统中，

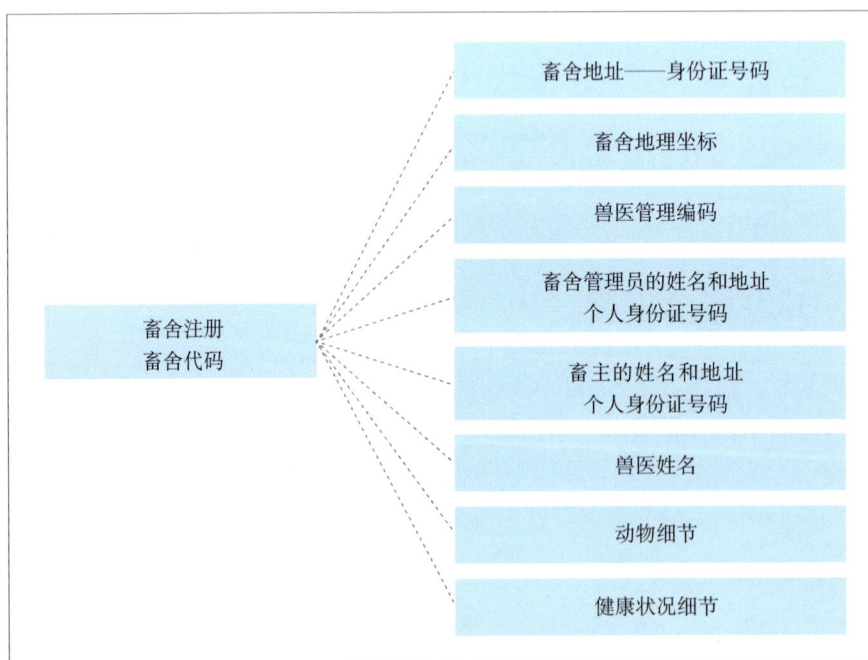

图4　畜舍注册示意

畜舍注册应包括上述所有数据，以便视察员查阅有关畜舍的所有细节，包括与畜主和管理人员有关的所有细节。但是，如果是使用集中式数据库的计算机系统，则不需要将所有这些细节存储在畜舍注册表中。相反，我们可以通过将畜舍注册表与存储有饲养员、畜主和动物以及兽医管理机构管辖权的数据库链接起来，从而达到访问这些信息的目的。

当一个地理区域（如一个村庄）的某个物种的所有动物可以保持在白天自由活动的方式时，例如，在同一区域放牧或饮用共同的水源，那么它们可以被视为来自一个畜舍的单一流行病学单元。即使动物在晚上回到各家各户进行挤奶，属于不同的所有人，这一点也是适用的。在这种情况下，该特定地理位置的特定物种的畜舍代码应该是同一个。

## 3.3.2 饲养员和畜主的识别和注册

饲养员是负责对畜舍内动物进行日常管理的人员。畜主是动物的合法所有人，不论他（她）是否拥有饲养动物的畜舍。通常，畜主也是饲养员。饲养员可能对属于一个或多个畜主的一个以上的畜群（在一个以上的畜舍）负责。同样，畜主可能拥有一个以上的畜群（在一个以上的畜舍），每个畜群拥有相同或不同的饲养员。饲养员和畜主的识别和注册至关重要。经销商和运输商是一批临时动物饲养员，也必须注册。

应在数据库中建立一个记录饲养员和畜主数据的注册表。该注册表应包含饲养员和畜主的姓名、地址和其他联系信息，以便能够使数据库的管理者和其他用户在必要时快速与他们联系。当个人或公司已经在其他公共数据库中注册，如国家注册表或任何其他现有注册表时，可以使用这些数据库中的身份码，并将其识别为注册表中的动物饲养员或畜主（图5）。

当建立畜舍注册表、饲养员和畜主注册表时，需要考虑以下几点：

- 畜舍地址由独特的村庄（位置）ID代码标识。
- 使用独特的个人ID代码识别饲养员和畜主。
- 负责该畜舍动物的人员，不管他（她）是否为畜主，均被视为饲养员。
- 即使饲养员和畜主是同一个人，也应分开注册。注册表可以有一个"人员"表，其中包含一个指示畜主或饲养员的"类型"列。

## 3.3.3 动物识别和注册

无论动物是被单独识别，还是群体识别，都需要使用一个适合该物种及其应用目的的装置和识别码（ID代码）进行识别。例如，如果目的是证明群落动物的所有权，一个商标就足够了。对于某些物种，例如猪和家禽，只要用

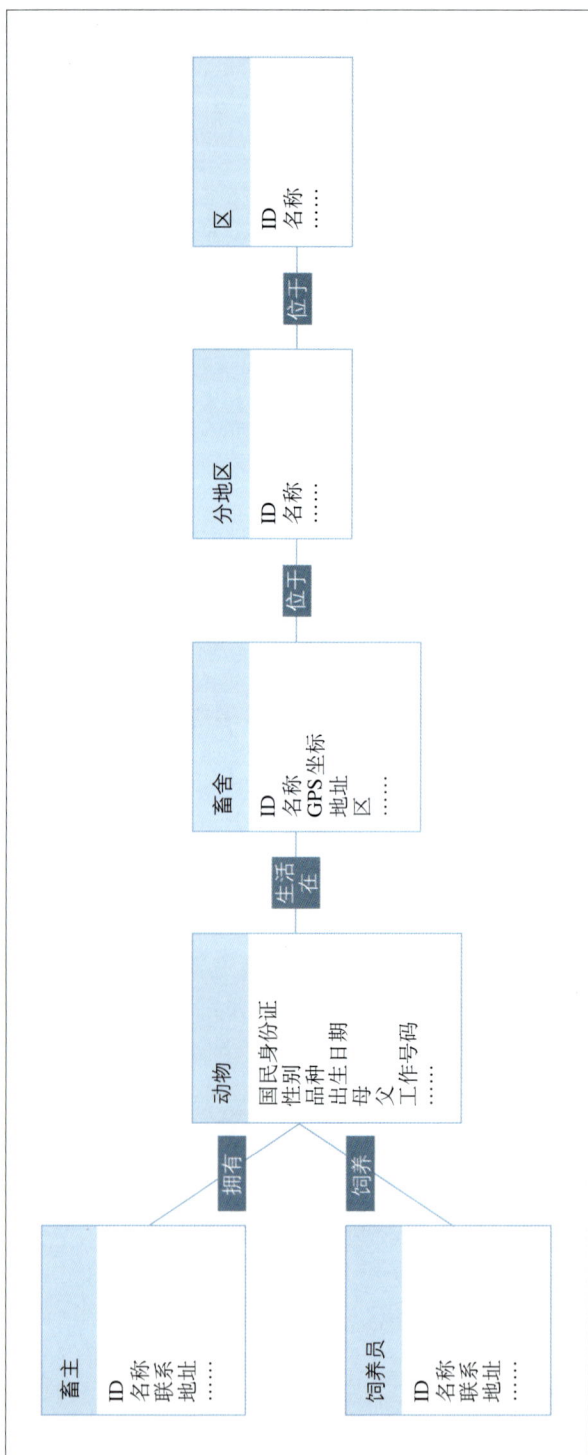

图 5 饲养员、畜主和畜舍之间关系的示意

代表畜舍原址的一组代码进行识别，并注册所有群体迁移情况，就足够了。对于其他物种，例如牛，每只动物可能需要独特的生命周期识别代码来记录其迁移情况或控制其生产性能。

ID代码将动物连接到它们存在的畜舍（图5）。在识别动物时，必须在畜舍和数据库中收集和维护某些数据。以下内容将会介绍在注册过程中可用于识别动物的唯一选项和要记录的最小数据。

### 3.3.3.1 开发独特的识别编号系统

ID代码最好是数字。原则上，ID代码应尽可能短，而至少在未来十代（牛约是50年）保持国内独特性。在动物育种中，记录谱系信息时需要更长的更换周期。简短的ID代码很容易记住和处理。然而，动物ID代码通常包含更多的信息，如群体数量和地区。作为动物ID代码的一部分，包含这样的额外代码可以提供有用的信息，例如动物的来源。尽管这样做可以使这些信息能够被轻松获得并立即投入使用，但也会导致ID代码更长，并且大大减少了可用的ID代码的数量。它还使得ID代码的管理变得更加复杂和昂贵，并且需要存储更多的识别设备。

ISO 11784是为ID代码结构设定的国际标准。ID代码结构被开发主要是为了用于全球电子识别，但它同时也适用于非电子ID代码。其基本结构是由国家代码和12位数字组成的个体动物ID代码。国家代码包是用于传统个人识别（视觉标签）的2位数的数字代码和用于电子识别的3位数字ISO 3166代码。这使得识别装置的格式达到全球协调一致。在大多数情况下，12位数字的最后1位用作校验位（插文3）。

#### ➲ 插文3 计算校验位的算法

在12位数字中，校验位是前11位数字的函数。它用于防止输入虚假动物ID代码。读取动物ID代码时，应用算法来计算校验位是否正确。如果任何数字输入不正确，校验位与计算结果不一致，软件将提示出现动物ID代码错误的消息。然后可以输入正确的ID代码，以确保将正确的数据应用于正确的动物。

让我们假设一个标签号是291024654871，其中2是第一个数字，9是第二个数字，7是第11个数字。最后1位是校验位，这是从前11位数字得出的：

第一个数字乘以11，第二个乘以10，第三个乘以9，最后是第十一个乘以1，然后将这些数字的总和除以9，余数作为校验位。

对于上述标签号，校验位为1，其派生如下：

$(2\times11+9\times10+1\times9+0\times8+2\times7+4\times6+6\times5+5\times4+4\times3+8\times2+7\times1)/9=$
$244/9=27$，

余数为1。

### 3.3.3.2 识别装置

根据代码结构和动物种类，使用不同的识别装置，如用纹身、标签或电子装置来识别动物。通常，识别模式是易于被人眼看到的。然而，在某些情况下，电子识别（如电子耳标、瘤胃丸和芯片）用来补充可视识别。在单独用耳标识别动物的情况下，用于动物的工作编号的数字中某些位数，如最后5位数字，使用较大的字体更合适。

识别装置应该是防干扰的或至少是防篡改的。防干扰意味着在不破坏锁定机制的情况下，设备不能被打开也不能被重复使用（图6）。防篡改意味着，在没有留下明确的迹象（比如标记或划痕）的情况下，设备无法打开和重新使用。此外，识别装置不应在动物的一生中的任何时候对动物健康构成风险。

国家系统可以使用多种类型的识别装置。可用的识别设备描述如下：

（1）**图纸、说明和照片**。这种识别方法通常用于识别某些品种的动物，尤其是那些具有鲜明颜色和标志的品种。在尚未建立动物识别系统的国家，如果将动物进行买卖或者所有权转让时，可以通过建立动物档案并使用说明书来识别不同的动物。例如，动物可能被标识为红白色的火焰。

图6 防篡改测试的一个例子，显示可重复使用的标签（左）和不可重复使用的标签（右）
注意：标签上的数字对应于测试代码，而不是动物ID代码。

（2）**烙印**（大型牲畜）。数世纪以来，这种识别方法一直被用于证明所有权并防止盗窃。但使用烙印的方法也招来社会舆论的批评，他们认为烙印影响动物健康。此外，在某些情况下，印记中的字符可能被篡改从而使其丧失可靠性。由于烙印不能确保识别出每个动物，因此它不能用作实施精确生产性能记录和控制系统的可靠工具。

（3）**冷冻商标**。使用液氮（-196℃）或固化的二氧化碳，将铁制印器放入冷却至-40℃的甲基化酒精（酒精）中冷却。然后，将冷冻的铁放置在剃光皮毛的动物身上的适当位置，并保持至少30秒。冷冻商标比烙印更慢、更昂贵且更不可靠。此外，液氮的供应在许多地方受到限制。

（4）**耳朵缺口**。耳朵缺口，是在动物耳朵边缘或者耳朵内打上缺口以识别动物的一种代码，但这种方法涉及动物福利问题。在不同的系统中，缺口具有不同的含义，目前有几个系统可供使用。这里显示的示例是一个具有6个不同值的缺口的简单系统，每个耳朵最多需要3个缺口，以达到最多99个值。显示的动物的ID号为99。在该系统中，动物左耳中间的洞可以表示100，右耳中间的孔可以表示200，系统将能够提供最大数量为399的ID代码。

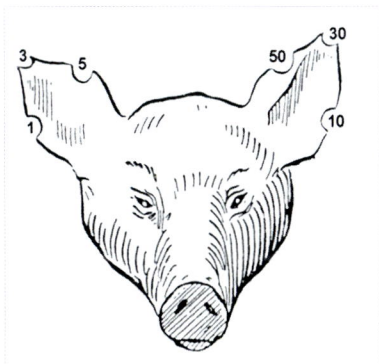

由于任一耳朵系统中可能的组合数量很少，耳朵不能为国家动物识别方案提供唯一的编码，并且在许多情况下甚至不能为所有动物提供独特的识别方案。为了理解缺口代码，有必要知道在识别时使用哪个编码系统。

（5）**纹身**。纹身是为了容易看见而在动物的耳朵或身体上纹上代码的一种系统。与耳朵缺口相比，纹身可以为更多动物提供更独特的识别码。如果动物身上除了有一个畜舍代码的纹身，还有另一个来自原产地的ID代码，则这种方法将为国家独特的动物识别提供足量的代码。

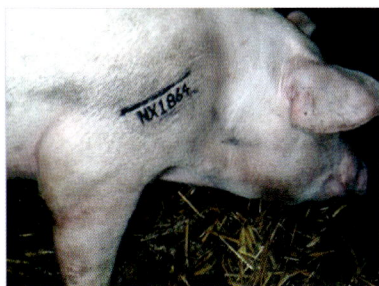

纹身通常被认为是一种简单便宜的识别方法。然而，该技术必须以高精确度进行，以确保能够容易地读取纹身。使用复杂的代码或允许未经充分培训的工作人员给动物纹身，会给识别系统的有效性带来极大的风险。另外，在深色皮肤、浓密的毛发或被污染的动物身上也很难看到纹身。纹身通常不可远距离读取，这意味着必须抓住每只动物来验证其身份。最后，字符针块的成本往往被低估。ID码的数字必须与纹身图案个数相匹配，这大大增加了成本。

（6）**耳标**。耳标是应用于动物耳朵的金属或塑料标签。塑料耳标是高度可见的，并且易于在远处读取，动物耳朵还需保有足够的数字位数，以便获得国家唯一的ID代码。在官方识别方案中，当局必须提出对耐久性、抗欺诈性、可读性和动物福利的要求。塑料标签质量的国际认可测试程序可从多个来源获得，包括ICAR。有关ICAR批准的标签的信息可以在ICAR网站上找到[①]。

塑料标签是目前最常用的识别方法。虽然便宜，但有一个缺点是损失的风险（损失率不应超过每年5%）。每只动物使用两个相同的塑料标签，每个耳朵中使用两个相同的塑料标签，即使丢失了一个标签，也能够识别，因为丢失两个标签的概率极低。

I&R系统通常使用激光打印塑料耳标。然而，在某些情况下，ID代码用特殊的标记笔写在耳标上。可以将一维或矩阵条形码与塑料标签上的数字一起打印，从而允许通过电子扫描仪读取数字。该方法消除了读取和记录标签时的人为错误。然而，在某些条件下（如粗放养殖系统），特别是在湿度较高的地方，条形码可能会被污垢遮蔽，使得电子扫描仪无法读取。

耳标可以轻松拆卸和更换。因此，确保耳标号码由适当的信息系统授予是很重要的。控制耳标的分布和可追溯性也很重要，并要确保只能使用可以被轻松认证的官方耳标。因此，建议分发显示特殊符号的预先打印的耳标，例如主管当局的标识，并在中央数据库中记录分发和使用预先打印的耳标的情况。

金属耳标通常小于塑料标签，并且通常只能在近距离读取。在读取标签之前也可能需要清洁标签，因为标签和任何雕刻的图形很容易被污垢遮蔽。

在某些情况下，例如动物没有耳朵或社会习俗禁止穿刺耳朵的区域，可能无法使用耳标或缺口。

（7）**电子ID**。可视化识别通常由电子识别（EID）进行补充，它又被称为RFID。可以使用识别码进行编程的电子设备由低频无源应答器组成，可以包含在注入的芯片内并内置在耳标或瘤胃推注器中（图7）。应答器可以用电子阅读器读取。

---

① 见www.icar.org/pages/certified_eartags.htm

图7　电子设备示例：注射芯片（左）、耳标和瘤胃推注器（右）

　　无源应答器，由无线电磁场进行激活，外加一个电子阅读器（扫描仪）来使用。无源应答器一旦被激活，应答器就会发送存储在微芯片上的唯一ID代码。除了只读EID之外，读写EID也是可用的，其允许用户使用动物的出生日期、DNA腺嘌呤甲基转移酶ID、父亲ID、出生体重和最后产犊日期等附加数据。

　　EID的两个主要优点是它们最大限度地减少了动物注册所需的工作量和物理操作的数量，并降低了读取设备时人为错误的风险；主要缺点是购买EID和阅读设备的成本。EID主要用于识别宠物和一些马品种，但越来越多的国家开始在农场动物中使用EID。

　　（8）**微芯片植入物**。在农场动物中使用肌肉和皮下的微芯片对肉类行业来说是一个问题。出于安全考虑，芯片应在屠宰场收集。遵守这一措施可为屠宰场带来更高的成本，尤其是微芯片可以在体内迁移。在一些情况下，微芯片植入也可引起脓肿。

　　（9）**药丸**。含有微芯片的药丸可以用特殊的导引器放置在瘤胃内。这种方法只能用于三个月大的反刍动物。然而，与植入物相反，大剂量药丸不存在迁移或脓肿的风险。药丸可在屠宰中从瘤胃中取出。虽然理论上可以重复使用药丸，但重新分配已经使用的微芯片号码将会产生逻辑混乱。

　　EID设备应符合国际标准，并可通过参考ISO 24631进行性能和一致性测试（插文4）。批准的设备可以在ICAR网站上查询[①]。

　　（10）**虹膜、视网膜扫描及鼻印**。这些技术包括采用数字化编码进行扫描或打印，并使用专门的软件进行分析。然而，虹膜和视网膜扫描及鼻印很少使用，因为实现品质合格的扫描或打印的成本和困难较大。

---

[①]　见http://www.service-icar.com/tables/Tabella1.php

> **➔ 插文 4　电子识别设备的配置和性能的 ISO 标准**
>
> ISO 11785：本国际标准规定了应答器如何被激活以及如何将存储的信息传输到收发器（扫描仪）。
>
> ISO 24631：本国际标准提供了评估 ISO 11784 和 ISO 11785 应答器的配置和性能的方法。制造商应提供原始测试报告或 ICAR 性能测试证书的副本，便于政府和用户验证是否已经满足最低要求。
>
> 绵羊和山羊中使用的 EID 标签的最低要求可以按照以下电气单位设置（欧盟立法）：
>
> - 最小激活场强：最大 1.2 安 / 米；
> - 调制幅度：最小。场强为 1.0 安 / 米时为 10 毫伏。
>
> 牛的 EID 标签需要比绵羊和山羊的 EID 标签有更远的读取距离，它的最低要求是：
>
> - 最小激活场强：最大 0.6 安 / 米；
> - 调制幅度：最小。场强为 0.6 安 / 米时为 10 毫伏。
>
> 其他用于提供动物识别代码的 ISO 标准：
>
> ISO 3166 规定了国家名称、属地和具有地理意义的特殊地区的代码。
>
> ISO 11784 定义了国家代码或制造商代码和动物标识代码的代码结构。如果转发器具有国家代码，该国家有责任确保转发器识别码的唯一性。如果转换器有制造商代码，制造商有责任保证代码的唯一性。

（11）DNA 分析。这种生物识别方法能够排除任何合理的怀疑，以确定动物的身份。在可疑的情况下使用组织采样耳标和 DNA 分析是防止动物盗窃和欺诈的良好手段。

### 3.3.3.3　选择识别设备的重要注意事项

动物应该有一个唯一的 ID 代码用于所有的动物记录系统，包括动物的可追溯性、动物健康信息和生产性能记录。因此，使用或希望使用 I&R 的组织应该参与到讨论中。

选择合适的识别设备取决于所期望的目标、动物物种和生产环境、成本、现有的动物福利法规，等等。大型家畜的烙印和小型家畜的纹身，仍然是实现群体识别和防窃的好方法。激光打印的耳标签，带有控制的生产分布系统最常用于个人标识和可追溯性。盗窃是一个问题，药丸可能是一个很好的解决方案。然而，识别方法的选择可能受成本和动物福利法规的限制。虽然 EID 的成本正在下降，但仍然需要考虑读取设备的成本，同时要注意每个动物饲养员都不需要电子阅读器。也可以组合使用 EID 和可视化耳标。表 1 总结了与使用各

表1 各种动物识别的优势、挑战和成本

| ID设备类型 | 优势 | 挑战 | 成本 |
|---|---|---|---|
| 耳朵缺口 | • 易于应用<br>• 防篡改 | • 没有价值缺口的全球标准<br>• ID码数量较少<br>• 长毛的动物很难从远处辨别<br>• 动物福利 | • 设备便宜<br>• 录入和注册的劳动力成本很高 |
| 纹身 | • 防止篡改<br>• 大批ID代码 | • 必须非常仔细地进行运用，以确保纹身可读性<br>• 长毛、黑色或脏的动物难以辨别 | • 中等成本设备<br>• 录入和注册的劳动力成本很高 |
| 金属耳标 | • 易于应用<br>• 防篡改<br>• 所有ID代码都可以用<br>• 低损失率 | • 从远处难以辨别<br>• 金属耳标锋利的边缘可能引发动物福利问题 | • 设备便宜<br>• 录入和注册的劳动力成本很高 |
| 塑胶耳标 | • 易于应用<br>• 易于阅读<br>• 所有ID代码都可以用<br>• 可以用条形码 | • 许多上市产品没有经过抗欺诈性、耐用性、动物福利方面的验证（认证）<br>• 恶劣环境中的丢失率可能是一个问题 | • 设备相对便宜<br>• 录入和注册的劳动力成本低 |
| 电子塑胶耳标 | • 请参阅塑胶耳标 | • 参阅塑胶耳标<br>• 应仅使用经过电子一致性和性能测试的标签 | • 设备更昂贵<br>• 能够自动录入和处理动物信息 |
| 用于反刍动物的EID推注器（仅适用于低频标签，ISO 11785） | • 所有ID代码都可以用<br>• 防篡改<br>• 损失率与外部环境无关<br>• 能够自动录入和处理动物信息 | • 在动物达到最低年龄之前不能使用<br>• 除非与外部ID设备结合使用，否则无法视觉识别 | • 设备更昂贵<br>• 处理费用高 |
| 可注射芯片（仅适用于低频标签，ISO 11785） | • 所有ID代码都可以用<br>• 防篡改<br>• 损失率与外部环境无关 | • 使用难度大，经常不被屠宰场接受<br>• 注射部位无标准<br>• 读取距离近<br>• 除非与外部ID设备结合使用，否则无法视觉识别<br>• 在屠宰场难以收集芯片<br>• 易碎（玻璃胶囊） | • 设备更昂贵 |

种识别装置有关的关键问题。

### 3.3.3.4 动物注册

在个别动物注册期间收集的数据应包括身份代码、出生日期、DAM ID和品种。收集某些附加数据可作为记录系统的不同组件。例如，动物追溯系统需要动物运动的细节，包括日期；动物健康信息系统需要健康状况和个体缺陷信息（图3、图5和图8）。

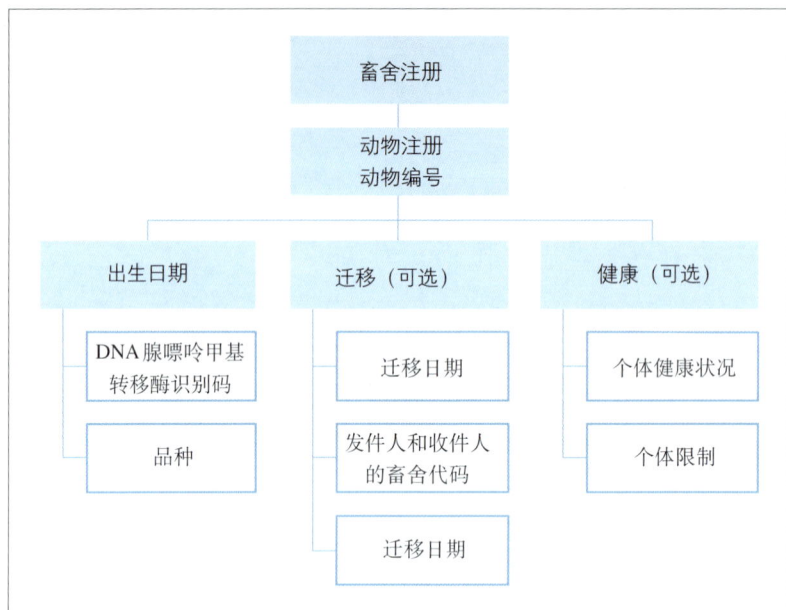

图8 动物注册的示意（及其与畜舍注册的联系）

基于计算机的系统对于I & R至关重要。它应该有一个内置的审核功能，可以自动检查数据丢失或不一致，并提醒动物饲养员、屠宰场和其他相关利益相关方遵守记录保存要求和纠正报告错误。

如果动物饲养者在几天内向主管当局报告可记录的事件，则可以使用简单的纸质系统。这些数据必须尽可能快地输入到综合性数据库中。所有相关事件，如动物迁移、出生或死亡事件应尽快报告。

### 3.3.3.5 I & R系统的综合视图

I & R流程不仅包括动物的识别和注册，还包括畜舍、饲养员和畜主（图9）。

如第2章所述，实施动物记录系统时有两个主要选择。在第一个选择下，I & R组件在一个完全集成系统的中央数据库中构成一个核心模块，这个系统中还包含包括其他模块，如动物追溯、动物健康信息以及动物生产性能记录。

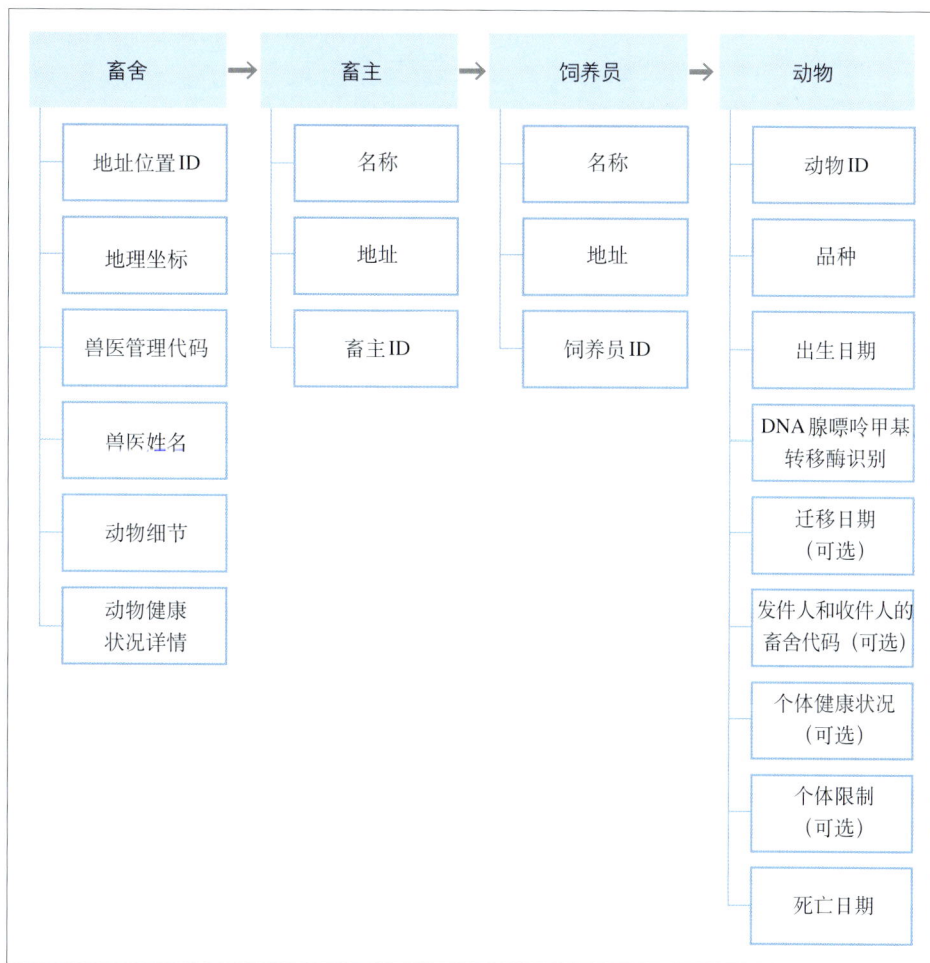

图9　动物识别和注册：综合视图

在第二个选择下，I & R 则成为所有其他子系统的核心系统。在后一种情况下，一个组织负责维护 I & R 数据库，所有其他组织运行特定动物记录子系统将数据从 I & R 数据库提取到自己的数据库。这种方法建立不同子系统之间的联系，允许数据库和应用程序通过使用 XML 文件协议导出和导入数据元素。这被称为系统互操作性。

# 4 动物追溯

## 4.1 介绍

过去20年来，动物追溯（AT）<sup></sup>系统的发展在世界范围内日益重要。主要驱动因素是保护动物和公共健康，确保食品安全和质量，促进市场准入和贸易。该准则的第1章详细描述了这些驱动因素和AT系统的潜在优势。本章4.3.1节进行了总结，该小节回顾了AT系统的目标。AT系统得到有效发挥的国家、地区或组织不仅可以更好地提供安全和优质的食品给消费者，保障公共和动物健康，而且在加强动物产品出口方面也具有相对优势。实施有效的AT系统的进口国通常要求其贸易伙伴建立一个等效的系统。卫生和植物检疫措施（SPS）以及AT要求已经成为动物和动物产品国际贸易的主要非关税壁垒（NTB）。

本章描述了AT的概念框架，主要侧重于动物迁移。开发AT系统的过程类似于用于动物识别和注册、动物健康信息或生产性能记录系统的过程。因此，这些过程将在第3部分中进行讨论，描述如何将概念框架付诸实践。

在描述概念框架的同时，本章回顾了AT系统的多重目标，描述了AT系统的要素以及追踪动物或动物群体的不同选择，并概述了不同情况下应记录的数据。

## 4.2 目标

本章的目的是描述AT系统的类型和应制定的必要要素，同时考虑到当地情况和系统正在实施的目标。

---

① 这个首字母缩略词仅用于本章，以便于阅读。

# 4.3 开发概念框架

国际标准化组织（ISO）将可追溯性定义为"通过记录识别找到实体的履历，使用或定位的能力"[①]。在动物批量生产的背景下，可追溯性是指在整个生命过程中获取动物或一群动物的来源的能力[②]。在动物健康的背景下，它是指动物的位置和迁移，其健康状况（包括其疫苗和疫病测试的历史），以及在其生命周期中接触其他动物的历史。在食品安全的背景下，它是一种风险管理工具，可以将识别出的风险追溯到其来源，以防止食品污染，并迅速有效地做出反应以防止受污染的食品到达消费者手中[③]。在这种情况下，可追溯性是指追溯价值链上的动物产品。然而，这些准则侧重于活体动物的可追溯性。屠宰后，需要实施与 AT 系统相连的单独的产品识别和追溯系统。因此，在开发 AT 系统时，必须在确定系统的单个元素之前确定系统的预期目标。

## 4.3.1 动物追溯系统的目标

AT 系统可以服务于多个目标，包括但不限于以下内容：

• 加强风险管理程序：
  - 使风险管理人员能够将所识别的危害（例如传染性动物疫病和人畜共患病，抗菌残留）追溯到其来源；
  - 评估这些危害的潜在传播，从而实现有效的控制。
• 保护公众健康：
  - 识别、跟踪和控制动物迁移，特别是关于人畜共患病传播可能的情况；
  - 在食品生产和分销链的任何阶段识别、跟踪和召回不安全的食品（和饲料）。
• 改善动物健康服务：
  - 改善疫病监测和控制（流行病学调查）；
  - 确保对动物健康的检查和认证。
• 捕获贸易机会 [世界贸易组织卫生和植物检疫措施协定（WTO SPS 协定)]：
  - 促进贸易认证和进入具有更高安全和质量标准的市场。
• 确保食品贸易中的公平做法 [世界贸易组织技术贸易壁垒协定（WTO TBT 协定)]：

---

① ISO 8402: 1994
② OIE《陆生动物卫生法典》将动物可追溯性定义为"在其生命的所有阶段追踪动物或动物群体的能力"。
③ 食品法典委员会（CAC）指导方针CAC / GL 60—2006将可追溯性定义为"通过指定的生产、加工和分配阶段跟踪食品流动的能力"。

　　- 尽量减少市场欺骗行为和欺诈行为，减少无证据产品索赔（地理标志、食品质量等）的实例。

• 减轻库存盗窃：

　　- 协助确定合法所有者，解决所有权纠纷，阻止牲畜盗窃。

• 促进动物保险、补贴和赔偿金计划的实施。

## 4.3.2　动物追溯系统的要素

AT 系统的关键要素是：

• 单个动物、动物族群以及动物保留、饲养、安置和聚集场所的唯一标识；

• 登记被标识的动物、畜舍、畜主和饲养人员；

• 记录动物在场所之间的迁移以及动物的出生、死亡或损失；

• 收集和报告信息。

图 5 再次说明这些要素，其中增加了一个用于记录动物从一个畜舍到另一个畜舍迁移数据元素的模块（图 10）。

由于动物迁移需要兽医认证，AT 系统应记录或便于获取由动物卫生信息部门提供的健康信息（见第 5 章）。

如图 10 所示，动物识别和注册系统是功能性 AT 系统的先决条件，后者不能孤立存在。实际上，这两个系统将全面融合。它们在这里被分开讨论，是为了能够以清晰简单的方式呈现多功能和模块化概念。建议不熟悉动物识别和注册的读者阅读本章之前，首先阅读第 3 章，它提供了有关此主题的详细指导。

根据 AT 系统的目标和范围，实施水平由上述数据要素的范围（例如所覆盖的区域或区域的数量），细节水平（例如个人或群体可追溯性），频率和清晰度及系统功能决定。

## 4.3.3　追溯系统的类型

AT 系统可以根据以下情况进行分类：

**（1）价值链涵盖范围。** 系统可分为以下几类：

• AT 系统涉及动物从农场到屠宰场的可追溯性。记录饲养、生产和销售过程中的所有动物迁移和活动。

• 产品追溯系统有助于从屠宰场、肉类或乳制品加工厂追溯到消费者购买动物产品的地点进行追溯。

• 完整的追溯系统贯穿价值链的两个部分，通常被称为"从农场到餐桌的可追溯性"。

这些准则只适用于活体动物的追溯。如上所述，产品的可追溯性遵循不

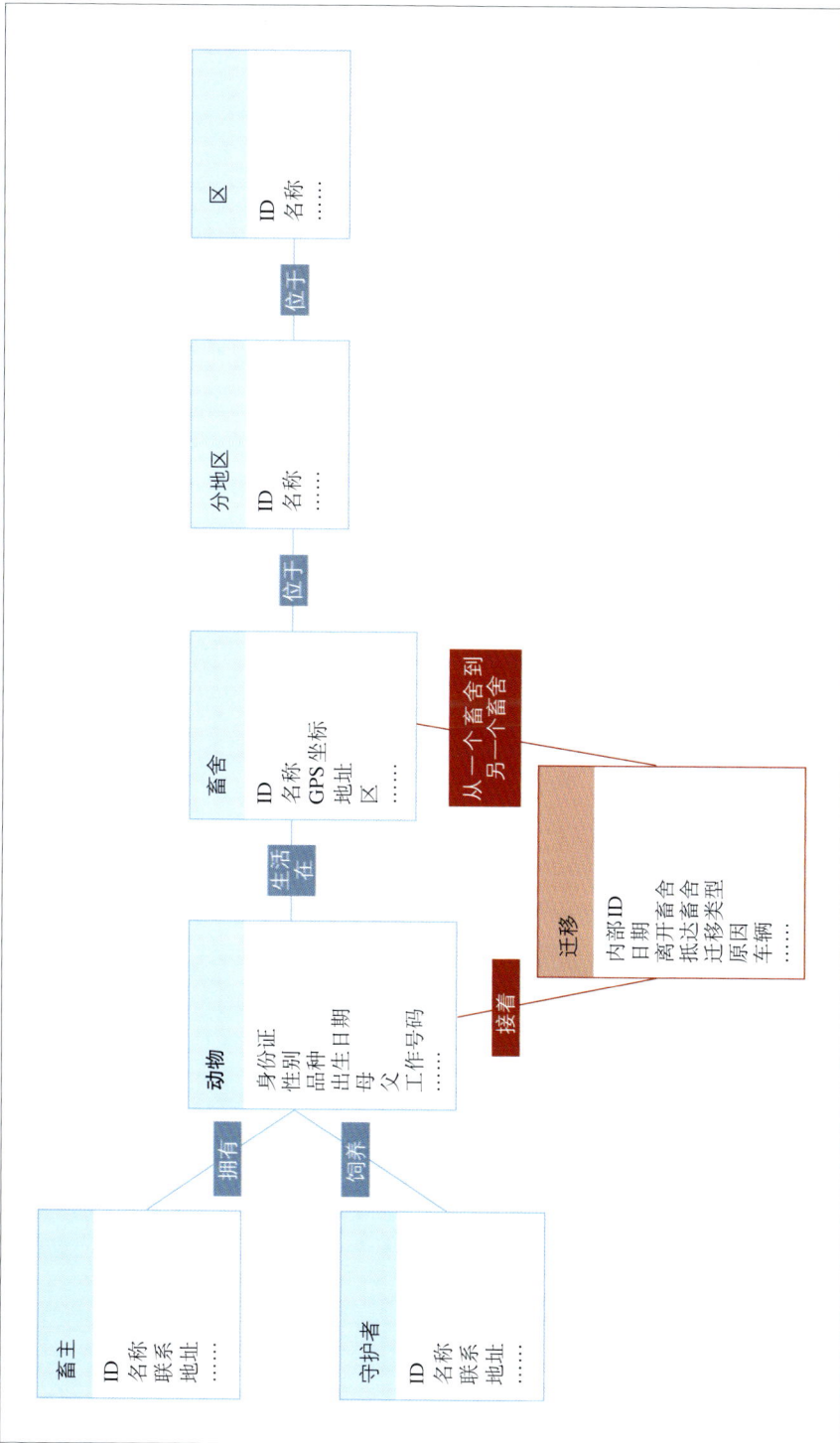

图 10  AT 系统的数据元素

同的逻辑，并涉及不同的技术。

（2）**数据采集和管理系统的类型**。AT系统可以是基于纸张的，或者是基于计算机的，或者是两者的组合。简单的基于纸张的可追溯性系统仅支持单重可追溯性。AT系统标识所有往返于畜舍的所有记录。迁移信息由农场或AT系统在当地的分支结构、兽医部门、警察局或行政办公室进行保存。为了汇编单个动物或动物群的迁移的完整记录，追溯每个单独的动作是有必要的。这可能非常耗时，如果检测到疫病风险，可能会妨碍及时的反应。在没有人兽共患的慢性动物疫病的情况下，延迟得到可用的迁移跟踪结果是可接受的。然而，如果目标是在24～48小时内跟踪易感染动物时，例如，当管理高度传染性疫病，如FMD或禽流感，需要能够基于计算机的AT系统捕获和绘制所有记录的数据元素和动物迁移的情况。插文5总结了各种处理系统之间的跟踪。

（3）**识别系统的类型**。动物可以单独或成组地识别和追溯（如来自特定地理位置的群体或一组动物，例如村庄）。这些小组构成一个流行病学单位。

对于所有AT系统，集中可用和可访问的信息量取决于有关动物、畜舍、畜主和饲养员的数据元素的数量和分类。可追溯性系统最低要求是对离开畜舍（如农场或村庄）的动物进行身份识别，并在纸上对某迁移进行记录。在这种情况下，数据库只能存储场所（地点、动物管理人员和年度普查）的信息，并指出农场之间的关系，而不是实现个体动物的全面追溯。

## 4.3.4 追溯动物迁移

动物迁移发生在动物离开旧畜舍并进入新畜舍时。尤其是针对大型反刍动物，几个AT系统，通过发放个体迁移身份证记录所有动物的迁移，以实现对动物迁移的跟踪和控制。在欧盟，牛、绵羊和山羊必须有个体动物身份证，图11提供了牛护照的例子。个人动物身份证件必须提供以下资料：①动物身份证；②颜色；③性别；④年份，如果知道，还应加上出生日期；⑤出生地点（畜舍编号）。

附加信息可以根据目标添加，比如公证人身份证，DAM ID（对追溯垂直传播疫病如疯牛病很重要），动物的健康状况和疫苗接种史以及有关治疗的信息。

每当动物迁移时，迁移细节都应记录在迁移身份证上。在迁移时，数据必须记录包括运出场所的ID、出发日期、接收处所的ID和到达日期。额外的数据可以包括迁移的类型（例如租入、租出、出售、购买、失而复得、送到屠宰场、出口或进口），如果使用，记录车辆ID。在一些国家，有关出生、现场屠杀和死亡的数据也记录在迁移登记册中，因为识别、登记和可追溯性是完全集成的系统的一部分。

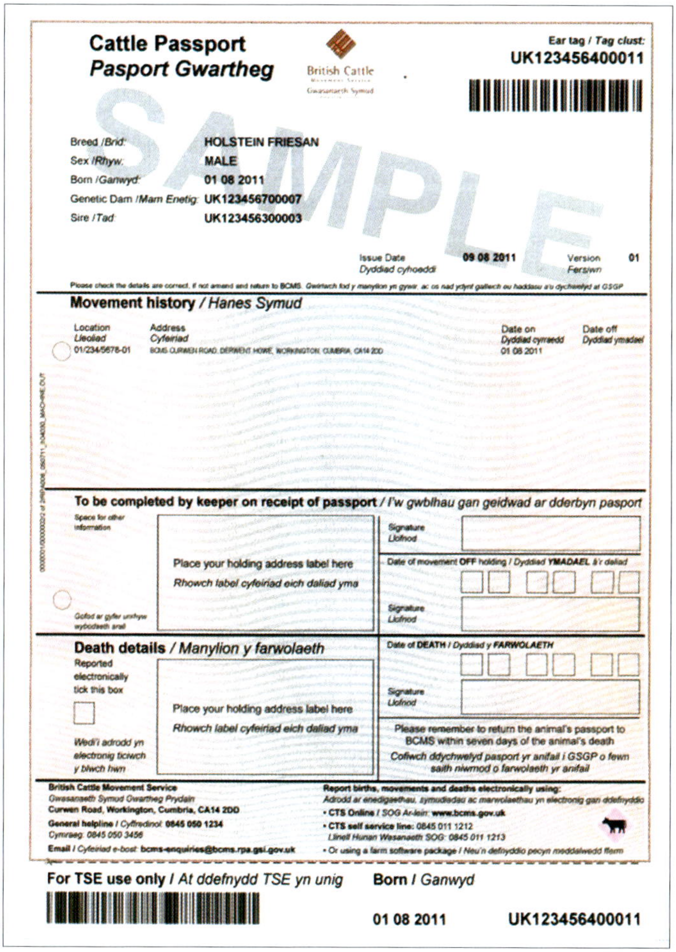
Cattle Passport
Pasport Gwartheg
British Cattle
Gwasanaeth Symud
Ear tag / Tag clust:
UK123456400011
SAMPLE
Breed /Brid: HOLSTEIN FRIESAN
Sex /Rhyw: MALE
Born /Ganwyd: 01 08 2011
Genetic Dam /Mam Enetig: UK123456700007
Sire /Tad: UK123456300003
Issue Date / Dyddiad cyhoeddi 09 08 2011 Version / Fersiwn 01
Movement history / Hanes Symud
Location / Lleoliad: 01/234/5678-01
Address / Cyfeiriad: BCMS CURWEN ROAD, DERWENT HOWE, WORKINGTON, CUMBRIA, CA14 2DD
Date on / Dyddiad cyrraedd: 01 08 2011
Date off / Dyddiad ymadael
To be completed by keeper on receipt of passport / I'w gwblhau gan geidwad ar dderbyn pasport
Place your holding address label here
Rhowch label cyfeiriad eich daliad yma
Signature / Llofnod
Date of movement OFF holding / Dyddiad YMADAEL â'r daliad
Signature / Llofnod
Death details / Manylion y farwolaeth
Reported electronically tick this box
Wedi'i adrodd yn electronig ticiwch y blwch hwn
Place your holding address label here
Rhowch label cyfeiriad eich daliad yma
Date of DEATH / Dyddiad y FARWOLAETH
Signature / Llofnod
Please remember to return the animal's passport to BCMS within seven days of the animal's death
Cofiwch ddychwelyd pasport yr anifail i GSGP o fewn saith niwrnod o farwolaeth yr anifail
British Cattle Movement Service
Gwasanaeth Symud Gwartheg Prydain
Curwen Road, Workington, Cumbria, CA14 2DD
General helpline / Cyffredinol: 0845 050 1234
Cymraeg: 0845 050 3456
Email / Cyfeiriad e-bost: bcms-enquiries@bcms.rpa.gsi.gov.uk
Report births, movements and deaths electronically using:
• CTS Online / SOG Ar-lein: www.bcms.gov.uk
• CTS self service line: 0845 011 1212
Llinell Hunan Wasanaeth SOG: 0845 011 1213
For TSE use only / At ddefnydd TSE yn unig
Born / Ganwyd
01 08 2011 UK123456400011

图11 大不列颠和北爱尔兰联合王国政府印发的通行证

## 插文5 跟踪各处所之间的迁移

### A型系统

在这种类型的系统中，生产链中的每个链接（畜舍）从上一个链接接收相关信息，即供应动物的场所。传递的信息量很小。每个链接都必须信任前一个链接发送的数据的数量和质量，并且必须保持该信息的录入。A型系统用于确保食物链中的可追溯性，并使企业能够至少识别相关产品的直接供应商和随后的收件人。关于动物识别和可追溯性，通常使用迁移许可证或迁移证书记录从一个农场迁移到另一个农场。当动物的迁移必须追溯时，进行专门的调查，重新建立链条中的所有环节。

## B型系统

在这种类型的系统中，每个链接都会收到上一个链接的相关数据。与A型系统相比，跟踪和追溯在紧急情况下要快得多。生产链中的每个链接都接收所有先前的信息，从而能够控制数据的完整性。B型系统的一个典型例子是动物护照，该动物护照伴随动物一生并记录其所有迁移信息，从而允许在必要时追溯这些迁移。

## C型系统

在这种类型的系统中，每个链接都将相关数据提供给中央识别和追溯数据库，这些数据库会累积有关动物生命周期中所有迁移的信息。跟踪和追溯可以快速进行。信息系统不仅提供动物本身的溯源信息，还提供与其接触的动物。

由Ferdinand Schmitt提供。

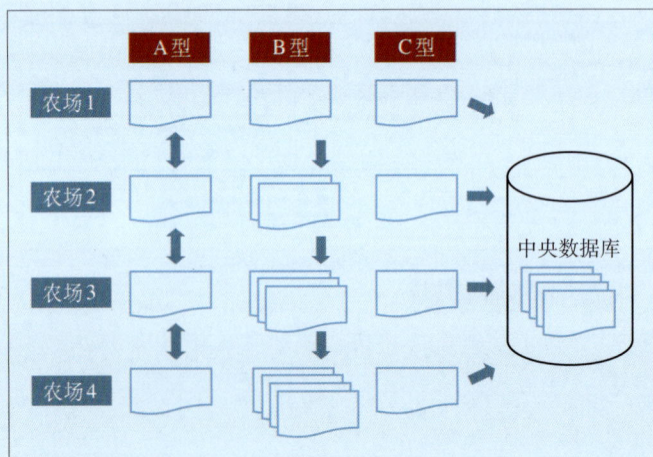

基于个体的迁移身份证系统仅适用于大型动物（如牛和马），并且当识别和登记基于个体动物识别时方能可行。个体动物的数量和种群更新的速度使得全面的个体动物识别的实施是不实际的，如在绵羊和山羊的种群当中。在这种情况下，兽医服务经常会发布一个团体迁移许可文件，这在有追溯和追溯调查中是有用的。

基于个体的迁移身份证（动物护照）的追溯体系必须为新生动物迁移卡的办理规定一个最长期限（如出生后1个月内）。相应地，系统必须规定在迁移身份证上记录迁移的最长期限（如在迁移的3天内）。迁移身份证伴随动物的一生，并应在动物死亡、屠宰或出口时归还给指定的当局。

在动物进口的情况下，出口国的动物识别记录应存储在数据库中，并与进口国指定的动物识别记录相关联。同样，在动物出口的情况下，出口国的动物识别记录应提供给进口国的兽医机关。

## 4.3.5 控制动物迁移

动物迁移控制对于动物追溯系统是必不可少的。如果执行控制和激励措施，迁移报告将会增加。激励措施（如补贴、干旱季节支持）只让履行动物识别和追溯责任的畜群受益。控制措施应在不同的地点和阶段进行，特别是在农场（控制死亡、盗窃和损失），运输过程中（由道路警察）及牲畜市场和屠宰场进行。只有符合规定的动物才能通过检查并被接受。通过提供足够的基础设施（如场地周围的围栏和单个入口），确保市场运营商、兽医检查或授权的兽医的存在，牲畜市场的控制力将大大提升。

动物通过牲畜市场的通道，大量的动物相互接触。如果传染性疫病暴发，这种接触威胁到整个种群。因此，不管其官方地位如何，所有畜牧市场都必须纳入动物识别和追溯系统。为了避免与现行合法兽医规定的冲突，非官方畜牧市场必须在合理的时间内正式批准或关闭；否则，中央数据库将不能反映实际情况。然而，这种方法并不容易实施，因为正式批准需要适当的卫生条件。此外，严格的管制可能导致其他地方出现新的非正规市场，阻碍地方行政机关征收市场税。相反，作为短期解决方案，可以将非官方市场的记录输入到"其他"类别的系统中。

## 4.3.6 IT基础设施

只有在集成IT系统支持捕获数据，并在最短时间内为所有利益相关者提供信息的情况下，AT系统才有效。第8章提供了关于建立IT基础设施和开发涵盖动物记录系统所有组成部分的综合信息系统的软件应用程序的详细指导方针：动物识别和注册，动物追溯，动物健康信息及生产性能记录。

中央基础设施所需的主要资源包括：数据库服务器托管数据；用于托管基于Web应用程序的Web服务器；生成具体报告的数据仓库服务器；高速连接。IT网络的结构将取决于数据的捕获和生成方式，可以采用以下形式之一：

- 信息在纸上收集，并通过桌面或笔记本电脑进入数据库；
- 数据在现场收集并通过智能手机或个人数字助理（PDA）输入到一个本地数据库，该数据库定期与中央数据库同步；

• 以上两种形式的组合使用，取决于物种和生产系统。

通过不同平台（如智能手机或PDA、上网本、平板电脑、笔记本电脑、台式机等）捕获、验证和检索数据及报告，需要一个合适和用户良好互动的软件应用程序。所安装的应用程序应支持以各种格式（如打印输出、电子邮件、PDF文件、HTML页面、智能手机或PDA和移动设备等）以及各种输出（如警报信息、操作报告、审查报告、图表、分析报告和统计摘要报告）向各种用户（如政府、兽医当局、生产者、服务提供机构、畜牧市场和屠宰场）传送所需的信息。

# 5 动物健康信息

## 5.1 介绍

所有动物健康信息（AHI）[①]系统的主要目的都是收集、管理和系统地分析数据，以便为家畜食品价值链的各种利益相关者生成适当的信息数据。这些数据可用于支持与疫病预防、消除或控制有关的决策过程，并能够支持监督计划的设计、开发和管理。

各种各样的疫病驱动因素（如畜牧生产集约化增强、全球贸易、动物迁移和气候变化的紧张局面）正在促进新疫病的出现并造成地方性问题。这对预防、控制和根除动物疫病构成新的挑战，也使 AHI 系统的任务变得更加复杂。相反地，移动设备、生物信息学和地理信息系统等新技术的发展和可用性已经将 AHI 系统的发展转变为不断更新的动态过程，以应对这些挑战和用户不断变化的需求。

本章介绍 AHI 系统的概念框架。本准则第 3 部分阐述了制订和实施建立 AHI 系统的战略计划，其中描述了如何将概念框架付诸实践。开发 AHI 系统的过程类似于开发动物识别和注册，动物追溯或生产性能记录系统的过程。因此，这些过程将在本准则的后续章节进行讨论。

## 5.2 目标

本章的目的是描述 AHI 系统的要素，并就如何使用和整合其他相关系统提供指导。

---

[①] 这个首字母缩略词仅用于本章，以便于阅读。

# 5.3 开发概念框架

## 5.3.1 动物健康信息系统的目标

AHI系统可用于实现几个不同的目标，特别是根据立法和兽医服务的优先次序原则，促进动物疫病的识别和通报。通过收集准确数据，AHI系统支持对新兴和地方病的监测和管理，以及疫病预防和控制措施的制定。本小节涉及AHI系统的4个主要目标：

（1）**支持官方动物疫病通报系统**。这些系统侧重收集疫情数据，以便随后通知其他信息系统，如OIE世界动物卫生信息系统（WAHIS），符合国际义务。

（2）**支持动物卫生应急系统的管理**。这些系统提供的信息有助于在疫病突发事件发生时迅速进行干预。由这些系统提供的实用示例包括：

- 使动物识别和注册及追溯系统能够进行在线查询，以识别和检索与动物迁移相关的畜舍间连接的数据（图3）；
- 在证实疫病暴发的情况下，促进流行病学调查（追溯和追溯调查）；
- 在疫情暴发的区域设置缓冲区，用于保护和监视；
- 使用基于Web的地理信息系统（GIS）工具，提供这些区域内的畜舍清单。

（3）**加强动物疫病监测和预警信息系统**。这些系统总结数据来自于：

- 动物识别和登记系统；
- 动物追溯系统；
- 控制和监视活动（例如疫苗接种数据，采样的牛群或动物，以及实验室检测结果）；
- 其他有关系统，例如针对人兽感染病例或在食用动物中使用抗菌药物的系统。

监测和预警信息系统是评估动物群体健康状况的重要手段，监测和改进现有的监测活动，并支持决策者制定预防控制或根除战略，制定分区或分区政策。监测系统的另一个目标是评估动物群体对某些疫病的遗传抗性，例如与瘙痒病相关的基因选择项目。还可以根据主管机构的要求，使用监测信息系统来证明没有特定疫病以获得无病状态。

（4）**支持风险评估**。[①]这涉及收集广泛的数据，以利于一些关键行动，包括：

---

① 关于"风险评估"的定义，请参阅OIE《陆生动物卫生法典》（可从www.oie.int/index.phpid=169&L=0&htmfile=chapitre_1.2.1.htm获取）

- 量化疫病流行率和发病率；
- 通过动物贸易（疫病进口风险分析）和其他手段（例如媒介传播疫病的媒介传播）评估感染传播的可能性；
- 确定危险因素的存在（公共牧场上的夏季放牧，可能被污染的公共饲料的使用等）；
- 评估暴露于感染因子的动物或人类（在人畜共患病的情况下）的可能性后果的严重程度。

上述目标不是相互排斥的，在实践中可能会发生一定程度的重叠。任何AHI系统的一个重要组成部分都是收集和维护畜群健康管理数据，这些数据可使病态动物以及整个群体受益。在准则的第5章中，介绍了关于畜群健康管理的详细信息。

跨界动植物病虫害紧急预防系统全球动物疫病信息系统（EMPRES-i）是AHI系统的一个例子[①]。EMPRES-i是一个基于网络的应用程序，旨在通过促进动物疫病信息的整理、分析和可及性来支持兽医服务和组织。它集成了数个数据层，包括其他FAO系统的家畜密度和环境变量，如全球畜牧生产和健康图集（GLiPHA），以及病原体遗传表征的数据，如从流感病毒数据库（Openflu）中得到的数据[②]。

虽然互联网彻底改变了数据收集和传播过程，降低了成本，但是收集和分析数据仍然是任何AHI系统的主要支出。此外，AHI系统的复杂性增加了对硬件和技术劳动力的需求，进一步提高了相关成本。

## 5.3.2 动物健康信息系统的投入和产出

本小节描述了AHI系统的数据输入和信息接收情况（图12）。

### 5.3.2.1 输入数据

**（1）关于病例和疫情的数据**。收集关于动物疫病发生的数据需要为每种疫病制定明确而不含糊的"病例定义"。OIE《陆生动物卫生法典》为与国际贸易有关的疫病提供病例定义[③]。国家立法和条例也可为许多动物疫病提供病例定义，特别是与现有监测活动相关的情况。具体的规则和诊断方案的确定必须考虑诊断测试的特点[④]。在某些情况下，可能难以获得正确的病例定义，特别是对于动物的无症状感染（紧急疫病，如多种流感A感染，中东呼吸综合征

---

[①] 见http://empres-i.fao.org/eipws3g/

[②] 见http://openflu.vital-it.ch/about.php

[③] 见www.oie.int/international-standard-setting/terrestrial-code/access-online/

[④] 请参阅OIE《陆生动物诊断试验和疫苗手册》，了解诊断试验的特点及其作为验证试验的用途，特别是国际贸易目的。请参见www.oie.int/ international-standard-setting/terrestrial-manual/access-online/

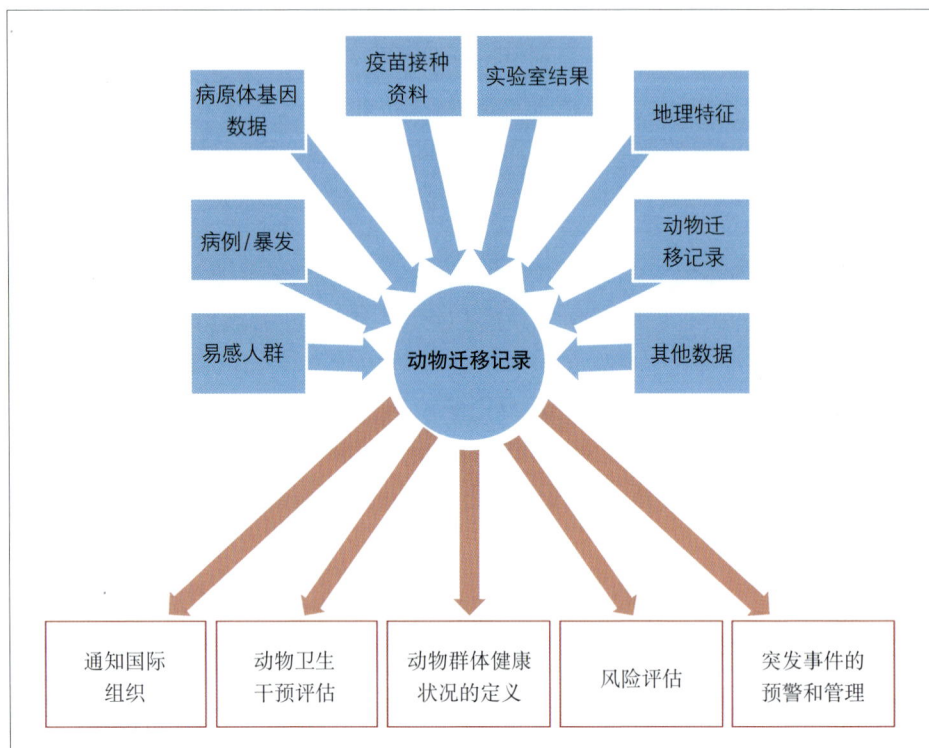

图 12　AHI 系统的输入和可交付成果

或克里米亚 - 刚果出血热）或当涉及野生动物时。

　　此外，病例定义可以由监视系统的目标来确定。例如，通过媒介传播的人兽共患病（如裂谷热、西尼罗河或日本脑炎），其主要目的是及早发现任何流行病毒，从而促使制定公共卫生保护措施，甚至通过对水池中蚊子进行 RT-PCR 检测病毒基因组定义病例。

　　对于每个疑似和确诊的病例，必须收集的最少数据要素如下：

- 有争议的疫病［有时鉴定菌株或亚型（血清型）可能是基本的］；
- 疫病暴发的地点（涉及的畜舍的 ID 代码，具有相关的地理坐标）；
- 受影响的动物种类（受感染场所的人口统计数据）；
- 疫病首次发生的时间和日期（第一次临床症状的日期，第一次怀疑的日期和确认的日期）；
- 如何发现感染以及最初引起怀疑的；
- 采取控制措施来限制疫病传播；
- 根据流行病学调查的结果，来确定感染的起因和任何其他可能暴露的处所。

一般来说，疫情的地理定位是由受影响的流行病单位（农场、畜舍或村庄）划定的，其中一个或多个病例已经确定。实际上，在疫情暴发时要记录的大量数据可以通过动物识别和注册系统获得。特殊情况可以被识别。例如，动物从许多位置（例如牧场或村庄）或屠宰场（例如传染性牛胸膜肺炎或牛结核病）聚集在一个地理位置检测该疫病。在这种情况下，一个有效的 AT 系统和完善的动物识别和注册系统在确定动物起源的地点以及疫病的来源方面将发挥至关重要的作用。

（2）**易感动物种群的数据**。为了识别易受感染的动物种群，在暴发区域的某个半径范围内（例如在缓冲区域）必须获取关于易感物种或者可能已暴露于这种疫病的动物数量。这些数据通常可以从动物识别和登记系统检索。收集关于畜舍类型（例如养殖场、育肥场、收集中心或动物市场）的数据以及有关地区动物密度的数据也很重要。动物识别和注册系统可以提供关于按类别（例如育肥与繁殖动物）细分的动物和动物编号的信息，允许对控制活动（例如疫苗接种迁移或监测程序）进行更知情的规划。

（3）**关于动物迁移的数据**。有关易感物种或其他迁移群体的动物数量的数据可能从动物追溯系统检索。实际上，这些数据通常以移动网络的形式在 AHI 系统中呈现，并应用社会网络分析方法（Wasserman 和 Faust，1994）。将动物迁移视为畜舍之间的连接网络，具有在疫情暴发时迅速定义所有可能的感染路线的优点。此外，由于其连接的数量、强度和复杂程度，动物迁移网络的分析可能会突显感染传播最大风险（称为"中枢"或"超级传播器"）的场所。识别潜在的"超级传播器"有助于更好地规划预防措施，包括更有效的资源分配（Calistri 等，2013）。

动物迁移数据的检索和分析不限于在直接或间接接触的情况下（例如 FMD，虱鼠反刍动物），而且对于媒介传播疫病（例如裂谷热）也是重要的，由于可能通过携带病毒动物的迁移而感染和传播。系统地和及时地记录场所间动物的迁移是通过动物识别注册和动物追溯系统实现的。

（4）**地理特征数据**。在道路、山脉、河流、湖泊和其他障碍方面提供详细的地理数据对于规划卫生突发事件的现场干预以及风险评估研究和监视目的都很重要。这种数据对于媒介传播疫病尤其重要，因为必须采取预防措施，例如疫苗接种。在媒介传播疫病的背景下，一系列其他信息包括气候条件（如温度、湿度和降雨）以及环境因素（如风型、土壤质地、土地利用方式、植被覆盖度和植被指数）对于识别更可能与疫病传播相关的区域是有用的，从而有助于实施更有针对性的预防措施。一般国家的行政区划（区域、省份、州县、部门等）的基本地理层次通常在动物识别和注册系统中使用并结合畜舍的地理坐标。如果不是这种情况，它们必须被纳入AHI系统，以确保突发事件的妥善处理。地理特征数据完善了农场和其他饲养动物场所（如牧场）的定位信息。

（5）**实验室结果**。实验室调查的结果是每个AHI系统的重要组成部分。它所包含的这些数据需要对所有信息进行标准化处理，包括所使用的实验室方法的类型和结果的格式（定性与定量值以及"否定"案例的定义）。应用"样本"概念时应特别注意（插文6）。实验室检验结果的纳入的数据需要在AHI系统与一个或多个预先保存实验室结果的实验室信息管理系统（LIMS）之间建立接口。

（6）**基因组学资料**。基因组学是实验室检测的特殊领域。当今，在动物健康和食品安全方面，病原体的基因组表征变得越来越重要。病原体的基因组表征，可以用于调查疫情暴发的起源，也能用于识别与常见的风险因素或感染源有关的空间和时间集群。重要的是要强调，基因组学数据可以为流行病学调查提供其他材料，但它们不能取代从动物识别和注册及追溯系统中检索的信息。这些数据对于追溯感染源（根据受感染动物的迁移记录）和识别流行病学与疫病传播有关的可能的危险因素是必不可少的。

> ● 插文6 "样本"定义
>
> OIE《陆生动物诊断试验和疫苗手册》将"样本"定义为"样品衍生并用于测试目的的材料"[①]。
>
> 该定义对于实验室质量体系可能是足够的。然而，对AHI系统的流行病学目标可能不足，需要有关动物（在个体或群体情况下）的健康状况、处所或地址信息。因此，必须将每个样本的数据与其来源(个体动物，一组动物和场所)联系起来。这在某些条件下可能不容易实现，例如在汇集样品的情况下或当测试食品或饲料时。当有效地实施动物识别和注册系统时，可以通过将已经收集样品的动物（例如条形码或耳标或RFID）与样品材料本身（例如独特管的条形码）相链接来支持样品管理。

（7）**疫苗接种资料**。疫苗接种是许多动物疫病的主要控制措施之一。因此，收集关于疫苗接种活动的数据对于确定动物群体的健康状况可能是至关重要的。应记录的最小数据是在给定时间段（年、月、周等）和流行病学单位（每个理想场所）的接种动物数量。尽管如此，关于疫苗接种的信息可能不足以精确量化免疫人群的比例，特别是当需要加强剂量时。从理论上讲，只有对

---

① 见www.oie.int/fileadmin/Home/eng/Health_standards/tahm/0.04_gLoSSArY.pdf

已接种疫苗的每一种动物进行登记和识别，才能准确计算得到正确免疫的动物数量。大规模疫苗接种活动使兽医服务能够进入大量场所并核查每只动物的识别和迁移记录。此外，还有动物识别和记录方案并与特定疫苗接种相关的方案（例如FMD和布鲁氏菌病疫苗接种）。

（8）**人类病例**。在人畜共患病的情况下，兽医行动的功效可以依据其对公共卫生的影响来衡量。针对特定人畜共患病更新的人类发病率数据（包括时间和空间分布）的有效性，是评估现有控制措施和制定新的干预策略的基础。有关影响人口的统计资料（年龄、性别和职业）的信息是必要的，以便正确评估所需的兽医行动。例如，在布鲁氏菌病的情况下，患者的职业可以表明在流产或分娩期间（大多数人类病例是农民或兽医），感染源是否被限制为与被感染的动物直接接触，或者是否可能存在严重的食物污染问题。

（9）**其他数据**。许多其他类型的数据可以被包括在AHI系统中，这取决于系统的总体目标。例如，AHI系统可添加关于在食物生产动物中使用抗微生物剂的数据或在畜舍中使用的饲料类型的数据（例如用于BSE或霉菌毒素监测）。

### 5.3.2.2 动物健康信息系统的可行性

（1）**向国际组织通报动物疫病**。AHI系统的主要出发点之一是自动生成为区域或国际组织通报疫病目的所需的数据。每次暴发的动物疫病通报必须向OIE报告。国际兽疫局需要具体的数据集，以便立即通知，后续报告以及6个月度和年度报告。WAHIS及其词典的具体要求以及《陆生动物卫生法典》[①]（用于描述疫病、物种、病例、流行病学单位、暴发、屠宰、诊断和控制方法等）的术语表必须在开发AHI系统时要考虑到。

（2）**管理和评估动物健康干预措施的功效**。AHI系统收集的数据可用于评估兽医服务实施措施的功效。实际数据（疑似病例，确诊病例，或采样、测试、屠宰或接种疫苗的动物数量）与目标数据的比较可以评估这些措施的有效性和总体达标情况。这种做法还支持修订现有措施和提出更多干预措施。此信息对于执行成本效益和成本效益分析的操作也很有用。定期评估兽医行动对于审查和修改此类行为至关重要。

（3）**动物群体健康状况的定义**。AHI系统应该能够产生索引或其他的输出结果，以评估一个国家或特定地区的动物种群的健康状况。流行率和发病率值对于量化动物感染的频率（或疫病，根据病例定义）至关重要。病死率、死亡率、流产率和生殖指数也是评估疫病影响的有用工具。每个测量都必须有时空特征描述，以突出可能存在的空间集群特点或时间序列特征。进一步的数据输出，例如接种疫苗或（估计）免疫动物的比例，在正确定义人群健康状况方面

---

① 见 www.oie.int/index.php?id=169&L=0&htmfile=glossaire.htm

具有重要的意义。动物种群的健康状况的变化也可能表明兽医行为在疫病发生和后果的变化方面的功效或影响。

当AHI系统的目标是满足一个国家或一个区域的"无疫病状态"要求时，系统输出必须严格遵守用于申报该特定无疫病状态的标准。AHI系统必须提供所有必要的数据以达到标准，包括其采用的诊断测试的性能数据（如敏感性和特异性）。

（4）**突发事件的预警和管理**。AHI系统最有价值的产出之一是能够快速产生准确的疫病信息，然后可用于警告兽医和公众（在人畜共患病的情况下）卫生系统和网络，使他们能够立即采取行动预防和控制疫病传播。实施预警监测系统，通过准确定位监测行动来检测初步疫情，这就需要对所涉疫病的流行病学进行全面了解。存在能够快速反应任何疫病迹象的动物疫病通报系统是所有预警系统的基本先决条件。此外，有效的预警系统应能够整合来自主动和被动监测行动的数据。在这种情况下，快速收集和及时分析来自主动监测活动或与常规诊断综合征疫病有关的实验室结果，对于早期发现新出现的健康问题至关重要。对动物识别和注册系统记录的死亡率和生殖数据的定期分析也可能有助于早日发现可能的卫生突发事件。

此外，AHI系统应能够迅速提供信息，以便在疫病暴发时支持和指导干预措施。这包括向动物卫生当局和其他相关机构提供实用程序，例如在线查询，以检索和识别由于动物迁移而造成的畜舍之间的连接，促进流行病学查询（如追溯和追溯调查），定义缓冲区（如保护和监视），并提供这些区域内的畜舍清单。

（5）**风险评估研究**。AHI系统收集的数据也作为常规风险评估活动的输入。特别是有关动物感染频率和流行病学调查结果（包括监测活动）的数据可用于评估疫病入侵和传播的可能性、可能产生的后果的大小和不同的风险因素的相对贡献。因此，在开发AHI系统时，应该考虑到生成数据和信息以支持风险评估的必要性。

## 5.3.3　动物健康信息系统的要素

AHI系统应包含以下元素：

### 5.3.3.1　数据采集

大多数系统都是采用报表的方式，通过纸张、移动设备、电子邮件或互联网记录和传输数据到本地或国家中心进行信息核对。

使用特定报告表收集数据。一个简单的报告表可以包括：

- 与畜舍和流行病学单位的位置（纬度、经度）相关的地理信息，以及行政单位的划分（如果这些不在场所登记册内）（见第3章3.3.1）；

- 与记录信息的时间相关的时间信息，以及在此处发生的任何与健康有关的活动（例如管理接种疫苗）；

- 物种、农业系统、危险动物人数、病例、死亡人数等流行病学信息；

- 实验室信息，包括样品、物种、收集日期和结果日期；

- 采取的行动和控制措施。

### 5.3.3.2　数据存储和操作

AHI 系统应该能够处理大量的数据和信息。基于纸张的系统往往效率低下，在处理信息量方面受到严重限制。基于数据库管理系统的计算机化系统更有效率，能够存储和有效管理大量数据并进行处理，所以推荐在发展中国家使用。

### 5.3.3.3　数据流和分析

兽医、技术人员、农民和其他利益相关者，在农场、屠宰场或实验室工作，都可以产生现场数据。这使得数据流成为 AHI 系统的一个重要方面。在建立 AHI 系统中的疫病数据流量时，需要考虑特定用户对敏感数据的限制访问。疫病数据需要按照逻辑顺序进行记录和整合，从而在传播之前进行数据库的验证和整合（图13）。

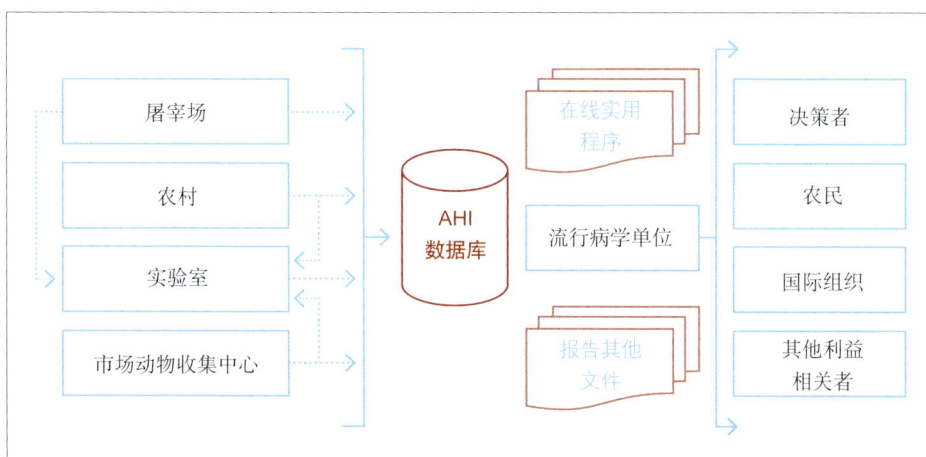

图13　AHI 系统中的主要数据流

数据分析将数据转换为信息，然后被用于协助管理动物健康的决策者。数据分析可以从总数和比率（如死亡率、发病率和流行率）的简单计算到复杂的统计学关联以及使用流行病学风险模型的范围来预测干预措施的结果。后者则需要由专业的流行病学者完成。

### 5.3.3.4　产出／报告

数据一旦被分析，其结果必须提供给参与决策的人员。这些信息在许多不同层次上均具有价值。潜在用户包括畜牧畜主、畜主团体和合作社、行业机构、私营兽医服务、农产品制造商、立法委员、大学和研究机构、贸易伙伴、区域或国际组织以及地方、省、国家兽医当局。信息传播可以遵循不同的渠道和格式。传统上，描述数据分析结果的定期报告是被用来给决策者、其他利益相关者和公众说明主要结果的。当今，数据越来越多地通过在线实用程序传播，例如，基于Web-GIS解决方案或者互动的在线报告和制图系统。

### 5.3.4 发展动物健康信息系统的主要考虑因素

精心设计的功能性AHI系统应基于明确的规则和程序。这些必须规定涉及的不同机构和行为者（公共和私人）的责任和义务，以建立有效和高效的数据质量验证系统。作为一般规则，生成数据的人员应对其验证负责（因为这些利益相关者需要将所有必要信息进行验证）。在制定数据流（投入和产出）时，所涉机构的组织结构必须得到尊重。在信息系统必须收集和管理来自几个主管部门的数据的情况下，这一点尤其值得注意。确保系统尊重数据所有权和机密性以及所有数据都可以安全存储是至关重要的。

在许多国家，执行预防措施（例如疫苗接种）通常被分配给私人兽医或社区动物卫生工作者。因此，他们在疫病检测中起着至关重要的作用。为了提高识别疫病临床症状的能力，这些兽医应接受培训，并进行针对性的沟通。

屠宰场和动物市场也可将相关流行病学资料输入AHI系统。在许多情况下，这些场所是监测方案唯一可行的采样点。同样，在一些国家，实验室是数据收集和存储的主要中心。因此，LIMS是任何AHI系统的主要数据来源。当广泛的信息学基础设施不到位时，这一点尤其重要。

仔细整合动物健康信息系统对于避免多次输入相同的数据也是至关重要的。这涉及数据和程序的标准化，需要大量的工作。需要实现一个共同的编码系统（跟踪数据的来源和类型）以完成标准化以及通用词典的编写。这对任何机构而言都是一个重大的挑战。这些系统的复杂性以及对可行性、灵活性和易于使用的工具的需求对开发人员提出了要求。因此，涉及管理专家和兽医专业人员的合作方式至关重要。

由于上述原因，在开发AHI系统时，应采取循序渐进的方法，从基本功能（例如疫病案件的通知和登记）开始，逐渐增加新的方法。AHI系统应与其他现有系统逐渐整合（例如，与LIMS的集成可以从交换简单的数据文件开始）。为了不同目的开发的两个或多个预先存在的信息系统的集成需要对数据生成过程和数据管理程序的修订进行复杂的分析。

# **6** 生产性能记录

## 6.1　介绍

　　FAO《国家农业动物遗传资源管理计划——中等投入生产环境动物记录发展的次要准则》（FAO，1998），在本章中称为FAO次要准则，详细说明生产性能记录（PR）[①]的好处和受益者以及生产性能记录计划的规划和实施。FAO次要准则对这种方案的体制和业务组织以及利用这些方案所产生的信息提供逐步和详细的指导。他们尤其专注于中型投入生产系统。

　　本章的目的是为生产性能记录提供一个概念框架。它解决了以下关键问题，如测量什么，如何测量，如何处理数据以及如何使用这些结果。它没有重复FAO次要准则的细节；相反地，它在更广泛的国家动物记录的背景下传递生产性能记录，突出生产性能记录、动物识别和注册、动物可追溯性和动物健康信息之间的联系（图3）。

　　本准则第3部分介绍了建立和实施生产性能记录系统的战略计划，其中描述了如何将概念框架付诸实践。生产性能记录系统的开发过程与动物识别和注册，动物追溯和动物健康信息系统十分相似。

　　在描述概念框架的同时，本章回顾了生产性能记录的多个目标，描述了生产性能记录系统的不同类型和要素，并规定在每种情况下要收集或提供的数据，并以"主要基于乳制品记录"为例子，加以说明。

## 6.2　目标

　　本章的目的是强调生产性能记录系统的潜在用途和主要内容，与动物识别和登记、动物追溯和动物健康信息系统的潜在联系，以及实施生产性能记录

---

　　[①]　这个首字母缩略词仅用于本章，以便于阅读。

系统的关键考虑因素。这包括考虑将生产性能记录制度纳入现有动物记录组件的过程，特别侧重于国家动物识别和记录系统。

# 6.3　开发概念框架

　　生产性能记录需要客观全面地测量动物生产性能的各种指标；收集诸如动物身体特征、亲子关系和相关事件等数据。所有数据都被记录下来，安全地存储和处理，供不同的利益相关者使用，并根据他们目标作出决策。利益相关者及其需求以及生产性能记录的目标和范围如下。

## 6.3.1　潜在利益相关者及其需求

　　任何生产性能记录系统的主要利益相关者都是生产者。然而，许多其他公司也可能会受益于生产性能记录系统（表2）。利益相关方在频率和内容方面都有具体的信息需求。

表2　生产性能记录系统的潜在利益相关者

| 利益相关者 | 奶牛和水牛 | | 绵羊和山羊 | | | 家禽 | 猪 |
|---|---|---|---|---|---|---|---|
| | 乳制品 | 牛肉 | 乳制品 | 肉 | 纤维 | | |
| 生产者 | × | × | × | × | × | × | × |
| 人工授精服务提供商 | × | × | | | | | |
| 育种公司 | × | × | × | × | × | × | |
| 牛奶检验实验室 | × | | × | | | | |
| 品种协会 | × | × | × | × | × | | |
| 饲料供应商 | × | × | × | × | × | × | × |
| 饲料检测实验室 | × | × | × | × | × | × | × |
| 省级卫生行政部门 | × | × | × | × | × | × | × |
| 疫病检测实验室 | × | × | × | × | × | × | × |
| 私人兽医 | | | | | | | |
| 农场顾问 | × | × | × | × | × | × | × |
| 处理器 | 牛奶处理器 | 畜舍 | 畜舍 | 畜舍 | 畜舍/羊毛公司 | 畜舍/蛋加工厂 | 畜舍 |
| 政策制定者 | × | × | × | × | × | × | × |

## 6.3.2　生产性能记录系统的目标

生产性能记录系统服务于各种目的。它有助于建立知识库，例如基准动物生产性能水平、最佳生产实践和最佳育种策略。生产性能记录的主要目的在第1章中有所描述，现总结如下：

- 建立基准动物生产性能水平。在任何一个国家，必须要了解在每一个主要生产系统和生产区里的各种主要牲畜种类和品种的生产能力。这些与动物数量和分布有关的其他统计资料信息是规划和投资决策所必需的。
- 生产系统替代品的评估。如果生产效率和产出不符合最佳规范或基准，生产性能记录系统可以支持调查和建立管理备选方案。例如，它可用于比较特定的饲养策略、保健选择、种质资源、畜舍替代品或其他管理变量。
- 个体动物管理。生产性能记录系统可以为农民提供必要的信息，以便农民做出决策，并采取行动提高他们的动物的生产力和健康水平、提高农产品质量、增加农场经营效益。
- 遗传改良。通过生产性能记录系统收集的数据被育种者（农民）和育种机构，政府机构和其他的机构用于评估和选择作为未来繁衍者的替代品（幼畜），并实现目标种群的遗传进展。

## 6.3.3　生产性能记录系统的范围

该范围定义了生产性能记录系统的覆盖程度。它涉及几个因素，包括：

- 物种。农民饲养各种牲畜（牛、水牛、绵羊、山羊、家禽、猪等）；然而，在大多数国家，生产性能记录系统只适用于牛。
- 特征。许多经济上重要的特征可以被包括在生产性能记录系统中。表4将这些特征分为三类：必要的、可取的和额外的。
- 传播。生产性能记录系统覆盖的地理区域可能包括全国、省、一个地区或一组农场。
- 生产系统。这包括牛群（小型、中型或大型）和生产系统（密集型、广泛型或家畜作物混合型）的种类。
- 范围。生产性能记录系统可能仅限于农场，也可能包括其他机构，如实验室（饲料检测、奶成分分析、疫病检测等）、屠宰场和加工厂。

选择将取决于目标和现有资源（基础设施、财务和人力）以及农民参与决策过程。

#### 6.3.4　生产性能记录系统的类型

根据上述目标，FAO次要准则确定了四种广泛的生产性能记录关系制度：

- 建立基本动物性能水平的生产性能记录系统；
- 生产性能记录系统，以比较具体的生产系统替代品；
- 个体动物管理生产性能记录系统；
- PR遗传改良系统。

表3总结了这些类型的生产性能记录系统的主要特征。所有这些系统的共同目标是促进对生产过程更好地了解和控制，进而增加生产，提高资源使用的效率和可持续性，并找出改善管理的机会。然而，这些制度对于受益人以及结构和组织要求有所不同。

以上列出的前两种生产性能记录系统基本上是实地调查或研究活动，旨在解决限定时间内的特定问题。它们记录了适当的动物样本信息，其费用通常由公共资金支付。后两种类型代表连续的活动（持续至少几个生产周期或动物世代），这些活动旨在利用个体动物层面的客观的性能数据。它们的成本通常由农民承担，但至少在初期阶段，还需要公众的支持。

为遗传改良设计的生产性能记录系统与动物管理的性能记录系统有许多共同之处，但尚有一些关键的区别。第一，前者侧重于整个畜群，而后者侧重于个体动物。第二，前者包括每个被记录的动物的谱系信息，这些信息必然随着时间的推移而持续（几代动物）。在这两种情况下，必须以一贯严格的方式维护记录。

本章只关注个别动物管理和遗传改良的生产性能记录系统。

#### 6.3.5　生产性能记录系统的要素

图14表明了动物识别和注册系统（例如动物、农场、饲养者和所有者信息）中记录的信息将被任何生产性能记录系统自动地使用。类似地，还将使用记录在动物可追溯性和动物健康信息系统中的诸如动物迁移和治疗的事件。动物识别和注册，动物追溯和动物健康信息系统分别在本准则第3、4、5章中详细介绍，并在本章简要介绍。

生产性能记录系统可以作为独立系统存在。但是，当生产性能记录系统作为国家综合动物记录系统的一部分（图3）时，它的功能更强。由于系统内不同的组件共享信息（图15），这就减少了重复工作，并降低了运行成本。信息只需要在动物、牧群和农场层面收集一次。

##### 6.3.5.1　动物识别

如本章前面所述，大多数类型的生产性能记录系统都需要动物识别。然

表 3 生产性能记录系统的类型及其一般特征

| 性质 | 生产性能记录系统建立的基准 | 生产性能记录系统比较不同的生产方式 | 动物管理生产性能记录系统 | 遗传改良的生产性能记录系统 |
|---|---|---|---|---|
| 主要用途 | 确定发展机遇和挑战；帮助改善战略计划 | 确定最佳管理实践；农民教育 | 改善日常农场管理；农民教育 | 鉴定最佳繁殖动物；改善农民组织；农民教育 |
| 主要受益人 | 政府和国家作为一个整体 | 所有农民；消费者 | 参与农民；消费者；农村社区 | 参与农民；商业农民；消费者；农村社区 |
| 参与者 | 广泛的农户样本 | 一些精心挑选的农户 | 最初几个农户，数量逐渐增加 | 一些农户（育种者），最终，不参与该计划的农民，仍被当作人口基数中的一部分，被纳入遗传收益的估算中 |
| 持续时间 | 短期（1～5年） | 通常是单一的生产周期 | 连续，跨多个生产周期 | 连续，跨世代的动物 |
| 谁接受测量 | 技术人员，现场技术人员 | 农民，技术人员，现场技术人员 | 农民，技术人员，现场技术人员 | 农民，技术人员，现场技术人员 |
| 动物识别 | 无或临时 | 临时个体或群体动物识别，通常用于单一生产周期 | 永久性个体动物识别 | 永久性个体动物识别；谱系识别 |
| 要测量的特征 | 许多简单的措施 | 动物对生产替代品的反应 | 测量与个体动物生产力和经济回报相关的特征 | 与育种目标相关的容易测量的特征 |
| 数据分析 | 平均值总结和变异性测量 | 适当的比较统计分析 | 容易理解的动物个体和畜群简介，提供协助和建议来解释结果 | 遗传优势预测，个体动物简介，提供协助和建议来解释结果 |

资料来源：改编自 FAO，1998。

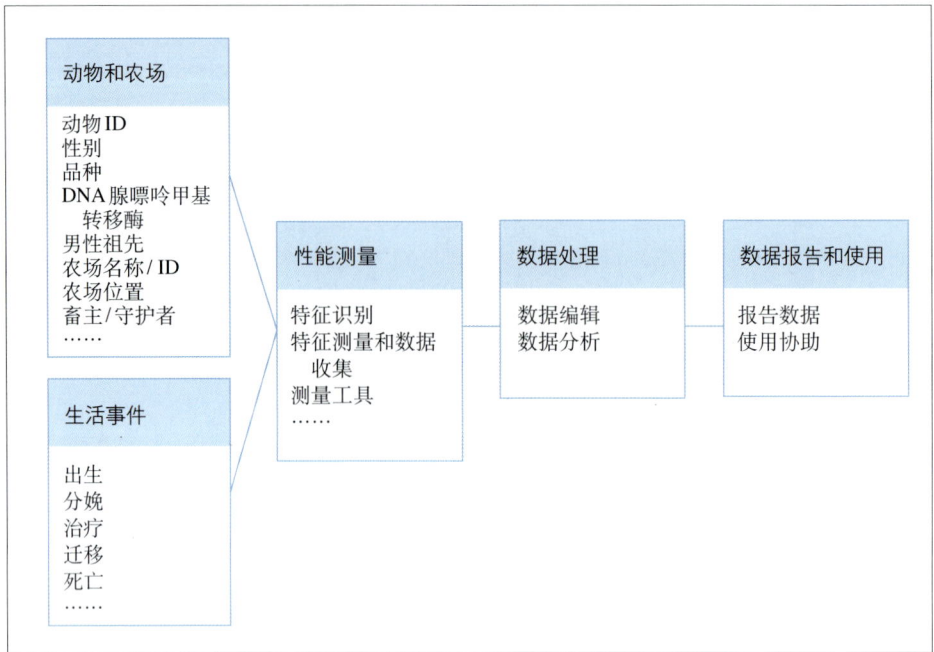

图14　生产性能记录系统的要素

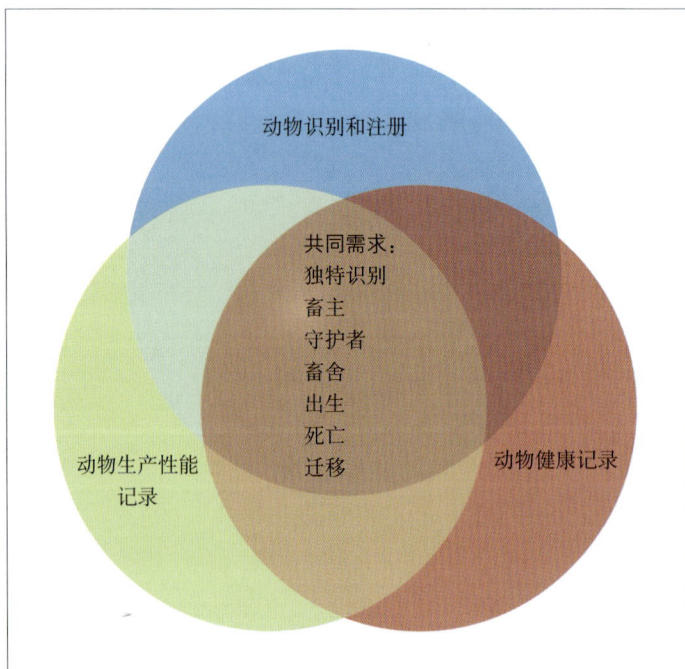

图15　在动物记录系统内共享信息

而，识别方法（即群或个体识别）、识别装置和持续时间（即临时或永久）的选择则取决于系统的具体目标。将被记录的动物与其饲养场所（农场）联系起来是有必要的，以便将生产性能与动物养殖环境联系起来；由此，建立起与动物识别和注册系统的联系。

### 6.3.5.2　生产性能测量

为了测量生产性能，有必要定义和识别待测量的特征，指定测量和收集程序，并选择适当的测量工具。

（1）**特征识别**。选择特征时，选择那些支持生产性能记录系统目标并能在农场进行可靠评估的特征是非常重要的。在很多情况下，重要的特征不容易测量。例如，动物对传染病的抵抗能力，只能通过让动物与疫病直接接触的方式来检测，这在现场条件下既不可取也不可能。在这种情况下，有必要使用相对简单且廉价的相关或指标性状来进行衡量，以便获得此类的特征的信息。表4列出了生产性能记录系统要收集的可衡量特征和其他重要信息。

定义动物生产生活中的关键事件的生命史数据对于所有类型的生产性能记录都是非常重要的。这些数据本质上是时间性的，如出生日期、断奶、交配、分娩、销售、医疗、哺乳和死亡。这些数据的测量通常是不能预定的，因此在事件发生时必须由农民亲自记录。如果生产性能记录系统与动物识别和注册系统相结合，则大部分数据可以从后者中获取。

动物产品（牛奶、肉类、鸡蛋、纤维）的生产水平是整体动物价值的重要组成部分，尽管它们不一定是中低投入生产系统中唯一的重要组成部分。哺乳期各个时段的产奶量和哺乳期的乳产量是乳制品生产的主要指标。体型是肉类生产的一个指标。身体尺寸的测量可以在断奶和销售时进行。断奶时的体型提供了关于后代生长潜力和DNA腺嘌呤甲基转移酶的遗传信息。在低投入的小农生产体系中，往往有一个倾向，在同一年龄的动物中出售最大的个体，以获得更高的价格，同时保留较小的个体进行繁殖，从而导致对这一特征的负面选择。

质量特征的定义必须与当前和潜在的市场需求相关。测量品质性状只有在导致产品价格上涨或特征是其他重要经济特征的指标（如瘦肉通常具有较高的饲料转化效率）时才适用。

疫病的发生和医疗保健的需求可对动物生产力和收益率产生重大影响。因此，要筛选出需要高于正常医疗保健水平的动物。在乳品生产中，每天都处理和观察动物，这是很容易实现的，但是当动物不经常被处理或观察（例如在牛肉场）时几乎不可能。

适应虽然难以界定，但在许多生产系统中适应是一个关键特征。适应不

表4 （非详尽的）可衡量特征列表

| 物种或生产系统（生产系统的依据） | 基本要素 | 理想状态 | 附加条件 |
|---|---|---|---|
| 所有系统和物种（所有其他） | • 独特识别<br>• 性别<br>• 畜主<br>• 治疗组<br>• 宰杀和死亡<br>• 出生日期（至少估计） | • 品种<br>• 畜舍<br>• 出生日期（确切）<br>• 腺嘌呤甲基转移酶<br>• 雄性<br>• 出生状态（单胎，双胎，双胞胎，等等）<br>• 断奶状态（单胎，双胎，双胞胎，等等）<br>• 顺产<br>• 剔除原因<br>• 妊娠诊断<br>• 交配信息（人工，自然） | • 功能（线性）特征和身体测量<br>• 身体状况（分数）<br>• 疾病诊断<br>• 生育能力测试和身体测量<br>• 健康治疗<br>• 接种疫苗<br>• 寄生虫数量或占比<br>• 寄生影响指标（例如，家谱评分）<br>• 记录员（技术员，农民）<br>• 人工授精<br>• 诊断和分析实验室<br>• 采食量 |
| 乳制品生产<br>• 牛<br>• 水牛<br>• 奶山羊<br>• 奶绵羊 | • 测试日产奶量<br>• 干燥的日期 | • 脂肪百分比<br>• 蛋白质比例<br>• 每毫升中的体细胞<br>• 挤奶次数，间隔 | • 牛奶尿素氮<br>• 乳糖百分比<br>• 乳腺炎诊断<br>• 迁移<br>• 体重（接牛和生产动物）<br>• 代谢紊乱<br>• 性情和好感度<br>• 挤奶速度/易挤奶<br>• 个体或群体饲料摄入量 |
| 肉类生产（反刍动物）<br>• 牛<br>• 绵羊<br>• 山羊 | • 断奶时体重<br>• 断奶日期 | • 出生体重或腰围周长测量<br>• 断奶后体重<br>• 牛接断奶时的体重<br>• 屠宰前体重<br>• 阴囊的周长 | • 断奶前的体重<br>• 接牛出生后体重<br>• 断奶后生长测试体重<br>• 身体测量<br>• 臀部/臀部高度，体长，围长<br>• 个体采食量<br>• 实时超声<br>• 肌肉区域，皮下脂肪，大理石花纹<br>• 胴体或肉质性状<br>• 等级，屠宰率，嫩度，零售肉类产量 |

（续）

| 物种或生产系统 | 要记录的特征和属性 | | 附加条件 |
| --- | --- | --- | --- |
| | 基本要素 | 理想状态 | |
| 纤维生产<br>• 绵羊<br>• 山羊 | • 羊毛重量（8～12个月大） | • 纤维直径<br>• 纤维长度<br>• 净毛量（8～12个月大）<br>• 纤维强度<br>• 体重<br>• 褶皱评分<br>• 优质和不良纤维 | • 纤维直径变化<br>• 超过理想直径的纤维百分比<br>• 杂质的百分比<br>• 颜色<br>• 调制的纤维含量 |
| 猪肉生产 | • 产仔数量<br>• 窝重 | • 断奶仔猪体重<br>• 乳头数<br>• 母猪体重 | • 个体出生时仔猪体重<br>• 身体测量<br>- 实时超声扫描<br>- 肌肉深度，大理石花纹，皮下脂肪厚度<br>• 胴体和肉质特性<br>- 屠宰率，大理石花纹，肌肉产量<br>• 应激敏感性 |
| 禽肉生产 | • 屠宰时的批重，死亡率与饲料消耗 | • 屠宰时个体体重<br>• 屠宰年龄 | • 个体在孵化和育成时体重<br>体型<br>• 个体饲料消耗<br>• 胴体（净膛）重量<br>• 乳房和腿的重量<br>• 行走能力（或其他腿部问题） |
| 鸡蛋生产 | • 总产蛋量，死亡率与饲料消耗 | • 每只母鸡的产蛋数<br>• 蛋重 | • 开产年龄<br>• 蛋壳强度<br>• 蛋壳颜色<br>• 蛋清和蛋黄重量<br>• 受精率和孵化率 |

是一个特质；相反，它涉及每个生产环境中的不同特征。因此，测量适应性必须首先涉及识别最重要的动物应激因子，包括疫病、气候条件、体内和体外寄生虫、饮食缺乏以及季节性饲料和缺水。

繁殖和生产参数的变化通常表现为对这些条件的适应性和适用性。适应性弱的动物将不会生产、繁殖或存活。

在一些国家，重要的是测量粪便量和作为役畜的适宜性，因为它们对农场的经济产量，特别是对混合作物－畜牧生产系统的效益产出具有非常显著的影响。

（2）**特征测量和数据收集**。每个特征的数据元素和每个数据元素的测量的详细过程将在下面的段落中加以描述。数据元素是相应特征必须测量和记录的项目。例如，如果所需特征是"受孕率"，则必须记录的数据元素包括：

- 要接受授精的雌性的ID码；
- 授精的日期和时间；
- 使用公畜精液的细节，理论上包括进行授精的技术员的记录。

该过程描述如何记录或测量每个数据元素。举例来说，表5列出了可以在乳品行业委托收集生产性能记录系统数据的关键数据元素、机构和人员。任何其他生产性能记录系统都可以进行类似的练习。

ICAR制定了各种物种不同性状测量的规则、标准和指导方针。其在2012年发布的关于记录方法的最新指南就这些事宜提供相关指导。该指南可作为参考文件，用于定义每个选定特征的数据元素测量的详细过程。由于这些准则是由运行最先进的记录系统的技术人员开发的，因此数据要素应适合发展中国家的需求和现有限制。这是因为高投入生产系统开发的生产性能记录系统可能不适用于中低投入生产系统。

（3）**测量工具**。生产性能记录系统中使用的测量工具在难度和精度上有很大差别。在能够实现生产性能记录系统目标的前提下，简单的程序和设备总是比复杂的程序和设备更好。为了使生产性能记录系统成功运行，测量工具使用一致的方式至关重要。这里给出几个例子：

- 乳品特征：
  - 只拥有少量奶牛的小农可以手工挤奶。在这种情况下，牛奶产量的测量必须通过体积计量，可能通过适当校准的瓶子（见插文7）或数字称重秤来进行测量。因此，使用挤奶机则不太划算。
  - 在一些国家，通常从大量农民那里收集牛奶样本，以便在中央乳制品实验室进行分析。由于涉及后勤问题，这种程序可能并不总是可行的。在这种情况下，建立一个分散的牛奶分析实验室网络，由几个关键地方的小牛奶分析实验室组成，可能是一种选择。

表5 数据源及生产性能记录系统的个人资料收集：乳品业

| 特征组 | 特点 | 数据要素 | 受过教育的生产者所拥有的牛群 | 由教育程度较低的生产商拥有的牛群 | |
|---|---|---|---|---|---|
| | | | 谁来采集数据 | | |
| | | | | 服务供应商 | 数据收集器 |
| 1 生育 | •受孕率<br>•每次授精受孕数<br>•服务期<br>•干燥期<br>•产犊期<br>•顺产 | •授精日期<br>•产犊日期<br>•顺产 | •生产者 | •人工授精服务提供商 | •人工授精技术人员 |
| 2 生产 | •哺乳期收益 | •测试日产量 | •生产者<br>•牛奶记录组织、育种公司、品种协会的牛奶记录仪 | •牛奶记录组织、育种公司、育种协会 | •牛奶记录器 |
| 3 质量 | •牛奶成分 | •脂肪百分比<br>•蛋白质比例<br>•乳糖含量<br>•体细胞数量<br>•牛奶尿素氮 | •生产者<br>•牛奶成分实验室 | •牛奶分析实验室 | •牛奶记录器<br>•牛奶分析试验室工作人员 |
| 4 体型 | •身体状况评分 | •所有线性性状的测量和评分 | •育种协会、育种公司 | •育种协会、育种公司 | •体型记录器 |
| 5 健康 | •牛群健康性状 | 牛群健康：<br>•乳腺健康：<br>-乳腺炎<br>•生殖障碍：<br>-胎盘滞留<br>-子宫炎<br>-卵巢囊肿<br>•消化和代谢紊乱：<br>-牛奶热<br>-酮症<br>-瘤胃，皱胃和肠道消化疾病<br>•腿部和足部疾病<br>•传染病和寄生虫病 | •生产者（在某些情况下）<br>•政府、合作社或民间兽医 | •政府合作或牛群健康服务提供商<br>•民间兽医<br>•疫病诊断实验室 | •兽医<br>•其他卫生工作者 |

**► 插文7　牛奶记录的标准操作程序——印度的一个例子**

- 特定人员应分配牛奶记录任务。
- 对于分散的小农户，牛奶记录仪每天应记录约5只动物。
- 第一次记录不得早于产犊后5天，不迟于25天。
- 奶牛的牛奶记录每月应在固定的日期（±5天），早上和晚上进行一次。如果下午也进行挤奶，那么应该采取三个牛奶记录。
- 牛奶记录应使用透明校准的塑料罐进行，灵敏度为100毫升，或使用精确的校准称量器。
- 在牛奶记录后，牛奶样品应进行牛奶成分分析。
- 每只奶牛每月应记录产奶量和牛奶成分，连续11次，直到没奶。
- 应记录干燥日期。
- 如果奶牛的产奶量相比之前记录的下降了20%～50%，这取决于其生产水平（对于高产者来说这个比例持续较低），或者动物患有疫病，则产奶量不用记录。在这种情况下，应记录产奶量下降的原因，并在至少5天的时间内重新尝试使用牛奶记录。
- 如果一只奶牛只被挤奶一次，那么只应记录一次事件，而且该表格的其他字段应留空。
- 牛奶记录仪应将记录产奶量的细节记录在与农民共享的奶卡上。
- 奶类记录动物的标准乳制品的产量应使用ICAR出版的《国际记录实践协议》第2.1.5.1节所述的测试间隔法（A4）进行计算。

由Kamlesh Trivedi博士提供。

- 肉类特征：
  - 对于家禽、小型反刍动物和仔猪，可以使用移动式体重计（如三脚架、弹簧平衡和悬挂帆布吊索）获得体重。对于较大的动物（如牛、成年猪），移动式称重机（例如具有负载杆的移动设备）则比较适宜，但是它们在分散的小农场中的使用可能会受到相对较高的成本限制。应考虑根据身体测量估算体重的其他间接方法。这些可以包括简单的线性和体积工具，例如用于测量动物尺寸的带子以及相关的体重转换表。
  - 用作记录活体动物身体特征的超声波设备被育种业广泛使用。它们在分散的小型农场中的使用可能因物流和经济原因而受到限制。在这种情况下，只要进行这些任务的技术人员接受了良好的培训，就可以考虑身体特征的简单间接测量措施，如体型评估和触诊。

- 繁殖特征：
  - 测量此类特征不需要任何工具，包括日期记录、后代数量、后代生存情况和繁殖事件指标等最重要的信息。
- 疫病特征：
  - 一种可供选择的方法是利用酶联免疫吸附测定（ELISA）法，来评估只溅及采集血液或组织样本的动物的抗体（未接种疫苗的动物）、激素浓度或任何诊断程序。
  - 分数或计数可用于量化蜱的抵抗性。在实验室里可以从鸡蛋上残留的粪便数量量化其寄生虫的负荷量。

**（4）数据处理**。虽然动物识别和可追溯性是捕获、存储和报告数据的问题，但是生产性能记录在更大程度上包括数据处理，并且在这一领域需要具体的技术能力。

数据错误可能由于测量和记录程序的误解，农民和（或）技术人员的不当培训或记录错误而产生。因此，数据编辑（识别错误或制造的数据）和验证是数据处理中的关键步骤。记录数据后，应尽快进行数据编辑。它应该在农场和数据处理中心进行，并应包括数据的合理性和一致性检查。

数据处理是必要的，以确保记录的数据作为管理和（或）选择工具的实用性。数据处理的要求在生产性能记录方案之间有很大差异，具体取决于所测量的特征类型和生产性能记录的目标。根据生产性能记录系统，农民或现场技术人员可以在本地执行，也可以由专业团队（如遗传改良计划的情况）集中执行。在所有情况下，数据应存储在中央数据库中，并及时处理和与用户共享。

在对条件差异进行调整后（例如，动物的年龄、季节、平均值、DNA腺嘌呤甲基转移酶的年龄和犊牛的断奶体重的性别调整），从记录的数据得到的结果可以用来比较动物或群体的动物。

为了比较动物的遗传优点，通常应用描述所讨论的动物之间的加性遗传差异的方法。预测主要是利用受过类似治疗和所处环境条件相似的群体（称为当代群体）之间的记录差异，考虑所有动物之间的（加性）遗传关系，并使用遗传参数（遗传力和性状的遗传协方差）。

然而，在小农生产系统的情况下，可能会出现在生产性能记录系统中界定当代群体的障碍。作为只有一两只动物的小农户，无法与拥有大量动物的养殖户同日而语，因此，有必要在更大的动物群体的背景下考虑这些动物。解决这个问题的一个方法是考虑将整个村庄（或村里的一个社区）作为一个群体或一个当代群体。由于村里的农民经常遵循共同的管理方式，可以利用尽可能多的公牛来在这些村庄之间建立农村之间的遗传联系。这需要制定适当的程序来评估小农生产情况下的遗传优点。

**（5）报告和使用**。鼓励饲养员使用生产性能记录的结果作出管理决策（如饲养、出售动物、选择替代品和组织交配），结果必须以满足报告需求的形式迅速传播。

具有大型畜群的奶农的信息需求与只有一只或两只动物的农民的信息需求不同，后者知道有关的动物。然而，针对单个动物发送文字提醒开展相应的具体活动，对于繁忙的兼业型小农户是一种有用的方法。这些消息可能包括：

- 可能在一两天内就会发热；
- 检查怀孕诊断；
- 待干燥；
- 可能在一周内产仔；
- 哺乳期产生异常；
- 有亚临床乳腺炎；
- 由于FMD（出血性败血症或布鲁氏菌病）疫苗接种；
- 由于驱虫。

此外，为一个村庄内的所有生产者制作的生产性能报告，在某些经济重要的特征上提供比较生产性能情况，可能比为一个个体生成的报告更有价值。为农民制作的报告应该以简单和行动为导向，同时考虑到他们的教育水平。农民在如何解释和应用结果方面需要经常指导。

## 5.3.6 综合生产性能记录系统的考虑因素

生产性能记录系统"生成"自己的动物识别和注册，以满足自己的功能需求。然而，这种识别和登记系统将限于在特定生产性能记录系统中记录的动物，即一个物种，生产系统，特定区域（如地区、省份和州）或品种。

在缺乏一个全面综合的国家动物记录系统的情况下，由于管理群组、饲养者或地区的利益，生产性能记录系统可能独立发展。没有独特的动物识别（所有者、饲养员和畜舍识别）将限制在不同系统中记录的动物的联合评估。面临的挑战是调和这种独立的生产性能记录系统在全国的范围内实施动物识别和记录系统。

# 第3部分
# 将概念付诸实践

# 7 制订战略计划

## 7.1　介绍

第2章描述了由四个部分组成的综合性多用途动物记录系统：动物识别和注册、动物追溯、动物健康信息、生产性能记录。概念框架分别在第3、4、5、6章。本章为制订综合性多功能动物记录系统的战略计划提供指导。第11章解释了如何实施这个系统。一个战略计划是所有动物记录系统组件的共同特征，并根据需要提供特定的特征。用户可以决定整合这些组件的全部或部分。然而，动物识别和注册是一个中心组件，并向所有其他组件提供数据。

## 7.2　目标

本章的目标是提供指导，说明如何制订建立综合性多用途动物记录系统的战略计划，同时考虑到其组成部分的特点。

## 7.3　制订战略计划的任务和行动

为制订建立综合性多用途动物记录系统（以下简称动物记录系统）的战略计划，需完成以下任务：
（1）研究评估国内现状；
（2）确定潜在的参与利益相关者及其需求；
（3）制订建立动物记录系统的战略计划。

任务1：评估现状

行动1：评估生产系统和价值链

为了确定动物记录系统整体的可行性或其各个组成部分，有必要对生产系统进行评估，收集以下信息：

- 如果可能的话，种群和动物的数量、种类、地理分布以及过去和未来的趋势；
- 物种和地区或农业气候区的饲养人员和生产系统的情况。收集的数据可能包括：①饲养人员的识字率；②群体大小（分为小、中、大）；③投入水平（分为低、中、高）；
- 出生、放牧、宰杀和疫病控制措施的季节性。这一信息对于规划现场活动是有用的；例如，从动物健康的角度确定动物识别的最佳时期（比如，避免加上标识后在雨季期间感染）；
- 屠宰动物的年龄和屠宰前动物变更所有者的次数，家庭屠宰的比例和家庭屠宰时的动物年龄（在某些乳制品系统中，家中犊牛年龄较小时被屠杀，可能未被识别）；
- 正式和非正式的动物营销系统。如有可能，绘制市场链图。确定市场行为者（贸易商、经营者等）并收集可能影响追溯系统实施的市场容量和基础设施（构造、围栏、破碎机等）的信息。
- 实行季节性迁移和其他迁移（例如出于社会原因）；
- 私人兽医或服务提供者的出现及其分配情况；
- 兽医和其他卫生工作者或技术人员的配备，以及进行额外动物记录服务的能力。在一些国家和低投入生产区，只有政府工作人员（如家畜助理、浸槽的助手或社区动物卫生工作者）能够进行动物识别和记录活动。

同样，在评估畜牧业的重要性时，应考虑以下因素：

- 畜牧业国内生产总值（GDP）占农业总GDP的比例，如有可能，目标物种（或分部门）对畜牧业GDP的贡献；
- 动物来源的食物占食物总量的比例；
- 国家（地区）牧民人数的百分比；
- 畜牧市场、屠宰场、乳品厂、展览场地和展览会的数量、规模和分布情况；
- 当前出口水平和出口潜力；
- 目前的进口水平和进口替代的潜力（进口其大部分食品的国家）；

一般来说，动物记录系统可以改善疫病的发生率和疫病控制措施，特别是动物健康信息和追溯系统；

- 区划和分隔，或潜在的区划和分隔，例如无病和商业区的区划和分隔；
- 特别是盗窃问题严重的国家，存在监控系统。

以上信息将突出显示实施动物记录系统的各种可能的驱动因素。当出口是主要驱动因素时，以下任务也应该被承担：

- 审查促进动物和动物产品出口的现行政策；
- 汇编动物和动物产品主要出口国家及其主要进口需求的清单；
- 描述进口国关于动物及其产品进口的现有要求和准则；
- 说明获得出口健康证明和进口动物许可证的关键要求。

行动2：评估动物记录活动

大多数发展中国家至少具有基本的动物识别和记录实践，传统的品牌和标记往往用于识别所有者。个体动物识别和记录系统也可能存在，特别是在商业奶牛场、政府农场、饲料经营场所和大牧场。动物在接种疫苗时的临时标记在许多国家也是常见的做法。在评估研究中必须收集关于这种做法的信息。

类似地，评估研究应该确定动物记录在现有计划和方案中发挥重要作用，其中包括：

- 动物接种疫苗的疫病控制和根除方案；
- 遗传改良计划，其中保留了谱系和个体动物生产性能记录；
- 生产力提升计划（如人工授精方案），其中个别动物的数据得以保存；
- 牲畜所有者根据自己拥有的动物数量获得福利的补贴方案。

另外，为动物和银行提供购买动物贷款的保险公司也经常有自己的记录系统。因此，收集这些行动的规模和面积的信息是很重要的。在区域和国家层面，特别是在发展中国家，同样重要的是核实生产动物识别装置公司的存在。

在拥有动物记录系统的国家，评估应收集所有相关信息，包括实现的收益、所获得的经验教训、通过的立法、所涉及的机构、所产生的费用、采用的筹资策略、使用的识别装置、跟踪编号系统和所采用的信息系统。理想情况下，应该通过考察正在进行这些活动的地区来收集这些信息。对这些系统的全面审查应包括：

- IT系统架构与运作；
- 软件实施；
- 动物记录数据库；
- 数据采集和管理流程；
- 实地操作和检查，特别是在可追溯性和动物健康信息系统的情况下；
- 组织负责单位；

- 成本和资金来源。

行动3：评估机构和法律框架

机构和法律框架的评估将侧重于动物记录系统运行的体制环境，以及与畜牧业相关的现行政策和立法，特别是与动物记录相关。评估应包括可能参与实施动物记录的机构的优势和弱点，包括兽医部门、畜牧部门和推广服务提供组织（如私人兽医、农民协会、育种组织、生产性能记录组织、肉类协会、牛奶加工商和畜牧市场）。还应分析这些机构的作用、功能和能力（特别是人力资源）。

另外，还应检查以下内容：

- 现有的与牲畜和粮食有关的立法，特别是直接或间接影响动物识别、追溯和健康的立法；
- 现行有关畜牧和畜产品补贴、税收、奖励、出口促进和进口替代的政策；
- 与动物遗传资源管理，特别是与动物育种相关的现行政策（特别是第10章，任务3）。

行动4：评估通信和信息基础设施

信息和通信渠道包括电话和传真、邮政服务、全国或全区域的服务（如兽医服务）和互联网。应根据速度、可靠性和成本来确定和评估现有渠道。移动互联网服务（例如智能手机）正在变得更加实惠和可靠。

还应评估农业部内部的通信网络及其权力下放的畜牧兽医服务。但值得注意的是，在某些国家，主管当局可以直接联系总理办公室。这在食品安全和相关公共卫生事件的情况下尤其常见。应详细说明，提供有关网络架构，可访问性（例如服务器处于活动状态的时间），维护和更换策略以及任何系统备份和安全策略的信息。此外，评估应描述可能支持实施动物记录系统的潜在合作伙伴和机构之间的报告程序（如果有的话）。

应对电信基础设施的区域差异进行评估，以确定条件较差的地点。评估应描述可用的连接类型，例如：

- 全网接入（拨号）和通用分组无线业务（GPRS）；
- 互联网接入不良（拨号）和GPRS；
- 无上网（拨号），但有GPRS；
- 无上网（拨号），无GPRS（或弱信号）。

对于这些情况，可以开发灵活的方法。例如，如果由于连接不良而无法直接输入到数据源，则可以在区域层面建立数据录入中心。然而，IT是一个充满活力的部门，重要的是要考虑在不久的将来发生的变化，并相应地进行规划。例如，PDA被认为是用于捕获验证和存储有限数据的首选工具，会被迅速淘汰，并且被智能手机所取代。

任务2：确定利益相关者及其需求和角色

评估工作还应确定愿意参与动物记录系统的利益相关者。在强制性动物识别和注册，可追溯性和动物健康信息系统的情况下，他们的参与将成为强制性的。任何动物记录系统的主要利益相关者都是负责识别和登记动物以及通知事件（例如出生、迁移和疫病发生）的牲畜所有者或饲养者。然而，根据目标和动物记录系统组成部分，可能包括以下所有或部分利益相关者：

- 牲畜养殖者或育种者及其协会；
- 农业和畜牧部动物卫生和生产部门官员及其下放办事处；
- 实地工作的兽医、畜牧推广人员、人工授精服务提供者或授权的现场代理人；
- 检测疫病、饲料、牛奶等的实验室工作人员；
- 畜牧市场人员；
- 运输商（牲畜交易商）；
- 经销商和零售商；
- 屠宰场和加工厂的工作人员。

此外，还应评估管理人员的识字率（见任务1，行动1），应扩大到上述一些利益相关方，例如，市场和加工厂的工作人员。

在确定将实施或使用动物记录系统的利益相关者之后，下一步是确定他们的需求。这些可能包括信息和技术援助。例如，大畜群饲养者可能会自己标记自己的动物，但只饲养少量动物的小农可将此任务转交给认证机构。应通过有组织的个人访谈和在协商研讨会期间评估需求，这也应用于评估利益相关者在该国建立动物记录系统的责任。

任务3：起草建立动物记录系统的战略计划

下一步是根据评估研究中收集到的信息和相关利益相关方的讨论，制订战略计划。

行动1：定义动物记录系统的目标和范围

动物记录系统的目标应明确说明其拟实现的目标，拟服务的目标以及其拟提供的服务。这些目标应符合国家畜牧业发展目标。有必要与所有利益相关方讨论和达成这些目标，确保他们愿意参与动物记录系统的开发并为其成本做出贡献。动物识别和注册、可追溯性、动物健康信息和生产性能记录系统的可能目标列表分别在第3、4、5和6章。

动物记录系统的范围取决于所期望的结果和在具体情况下的可行性（例

如，成本、服务的可及性和牲畜饲养者的反应能力）。范围还应根据特定地理区域范围内的种类进行定义。由于时间、可用的财政资源和可管理性的限制，从一开始就不可能实施涵盖所有物种和地理区域的系统。因此，应优先执行该系统，随后将其扩大到其他物种和地区。以下问题可能有助于定义动物记录系统组件的范围：

- 动物识别和注册系统是否包括所有牲畜物种或限于特定物种？
- 是否需要个体识别，还是可以通过其群体或村庄识别动物？
- 动物在出生时或出生后是否得到识别（例如，当它们离开群落、养殖场或出生地时）？
- 是否应为不同的物种或不同的生产系统建立不同的动物记录方案？
- 追溯系统是否涵盖整个国家或是限制在特定的地理区域［例如，无FMD区域或经过出口产品的商业生产者（屠宰场）区域］？
- 应包括哪些利益相关方（例如饲养员协会、畜牧市场、屠宰场、产品分销商和零售市场）？
- 记录的优先特性是什么？

回答上述问题将有助于确定计划动物追溯系统的广度、深度和精确度。"广度"是指每只动物在系统中维护的信息量。"深度"是指覆盖的生产或供应链的程度（例如出生到死亡，屠宰后的肉类可追溯性）。"精确度"是指存储的细节级别（例如，系统是否支持单独的动物识别或较不精确的群组识别）。

行动2：选择动物记录系统的类型并定义其元素

由于其特殊性，对动物记录系统的每个组件分别描述要引入的系统类型及其各自的元素。

（1）**动物识别和注册**。动物识别有两种：个体和群体识别。关于使用哪一个的决定应基于目标和成本效益分析（见第9章的模拟）。一旦做出了这一决定，就需要使用本准则第3部分提出的建议来确定识别码和适当的识别方法。

动物识别和注册不仅涉及动物的识别和注册，而且还指饲养人员、畜主和处所的识别和注册。后者被定义为动物保持临时或永久的地理位置。畜舍、畜主和管理人员以及动物在数据库中应有相应的登记册。有必要定义这些记录器所包含的具体数据（参见第3章，图4、5和图8）。

（2）**动物追溯**。如本准则第4章4.3.3节所述，动物追溯系统分类根据：①价值链覆盖的程度；②数据管理系统（纸质或计算机为基础，或两者兼有）；③识别系统的类型（动物个体或群组识别）。决策必须根据追溯系统的类型来实现，同时考虑上述定义的目标和范围。

如准则第4章所述，动物识别和注册系统是动物追溯功能系统的先决条件。因此，构成动物识别和注册系统的要素构成动物追溯系统的组成部分。这种系统的其他关键要素包括动物迁移和卫生信息，后者通常由动物健康信息系统提供。因此，有必要决定如何将这些元素整合到动物追溯系统中。

（3）**动物健康信息**。第5章描述了动物健康信息系统，其主要目的包括动物疫病通报、动物健康紧急情况、动物疫病监测和早期预警以及风险评估。这些并不是互相排斥的，实践中可能会观察到一定程度的重叠。有必要根据上述目标和范围选择动物健康信息系统的类型。

动物健康信息系统的关键要素是根据数据收集，数据存储和处理，数据分析和报告来定义的。第5章5.3.3.3节详细描述了这些要素。采用这些要素，以适应执行国家的具体情况很重要。

（4）**生产性能记录**。第6章界定生产性能记录系统，以满足建立基准动物生产性能水平的目标，比较具体的生产系统替代方案，支持个体动物管理和促进遗传改良。这些系统的主要特点总结在第6章（表3）。这些系统有一个共同的目标：了解和控制生产过程，以增加生产，提高资源使用的效率和可持续性，并确定改善管理的机会。然而，它们对于受益人以及结构和组织要求有所不同。必须考虑到上述目标和范围，来确定要执行的生产性能记录系统的类型。

生产性能记录系统的关键要素是动物识别和注册，生产性能测量，数据处理及数据报告和使用。生产性能测量的一个关键方面是确定待测量的特征。以下问题可以在这方面有所帮助：

- 要改进什么样的生物学特性以达到既定的目标？
- 可以直接在农场测量哪些特征，哪些不能？
- 对于那些不能直接测量的特征，提供的间接信息是否可以替代特征？如果是这样，它们如何测量？
- 指标特征与感兴趣特征之间的关系在什么基础上确定？例如，是否评估了这两个性状之间的相关性？
- 需要什么设备、技术技能、基础设施等才能使这些特征在成本效益记录中得以体现？

第6章6.3.5节详细描述了生产性能记录系统的元素。与动物追溯和动物健康信息一样，许多数据元素可由动物识别和注册系统提供。这些要素必须适应每个国家的独特情况，并且必须进行相应的整合。

行动3：定义动物记录的规则和程序

在开发和实施阶段开始之前，所有利益相关方必须就规则和程序达成一致。每个动物记录系统组件分开阐述如下。

（1）**动物识别和注册**。被制定的标准程序用于识别和注册畜舍、饲养人和畜主以及动物。这些程序应基于本准则第3章所述的概念框架，同时考虑到在某种情况下可行的方案。例如，标准操作程序必须：

- 在属于不同畜主的动物经常混合的情况下，为畜舍提供明确的定义；
- 规定单个标签或两个标签必须用于个体动物识别；
- 当标签丢失时，定义重新标记动物的过程；
- 规定要遵循的编号制度；
- 在登记畜舍、管理人员、畜主和动物时指定要收集的数据；
- 制定数据输入规则。

（2）**动物追溯**。除了识别和注册的规则和程序外，制定有关动物迁移的规则是必需的。例如，有必要制定"迁移"的定义，其中可能包括死亡、失踪和盗窃等事件，特别是在个体动物识别时。

指定哪些数据应在动物身份证上注册，并且在动物迁移后必须记录哪些数据。第4章详细说明了这些数据的范围。另外，重要的是规定新出生动物身份证应当被发放的期限以及在动物被迁移的情况下在卡上记录迁移的最大允许期限。还应明确规定发放新的动物迁移身份证和将动作身份证退回给指定机关的规定和程序。

（3）**动物健康信息系统**。还必须制定动物健康管理规范（疫苗接种、检测等），疫病数据收集，数据存储和处理以及数据分析和报告的规则和程序。本准则第5章提供了有关这些规则和程序的进一步指导。第一步是通过与所有利益相关方的公开讨论和协议来确定和选择要记录的动物健康事件或优先疫病。数据收集通常通过使用特定的报告表单或模板进行。有必要定义这些表单的内容，并决定数据收集的频率。

数据来自不同来源（例如兽医、技术人员、管理人员、屠宰场或实验室的工作人员）。因此，规划数据流是开发动物健康信息系统的关键步骤，而且需要使用适当的数据安全设置来规定用户资料。

（4）**生产性能记录**。生产性能记录的规则和程序应基于第6章中给出的建议。特别要注意以下几个方面：

- 收集的数据、来源、收集频率和负责人；
- 要遵循用来衡量每个性状的标准操作程序（SOP）（第6章插文7在小农场中提供牛奶记录的SOP）；
- 要发送给每个利益相关方的信息内容。应按照每种类型的利益相关者的需求提供各种格式，如预警信息、操作报告、审查报告、图表、分析报告、统计摘要报告等，还需要考虑如何传输这些信息（论文、电子邮件、PDF文件、HTML页面、智能手机、手机等）。

行动4：指定IT系统要求

动物记录系统依赖于专门的系统和技术（硬件和软件）的使用，以及时收集、处理和报告数据。考虑到评估研究的结果，特别是与互联网和手机覆盖有关的研究结果，该计划必须指定符合选定系统类型及其要素和数据要求。信息技术专家应参与确定满足系统要求所需的工具和技术的规格。这些包括：

- 用于数据输入和验证的设备（例如手持设备、平板电脑、笔记本电脑、台式机等）；
- 所使用的通信网络（即有线或无线网络）；
- 托管和管理中央数据库的机构；
- 各种数据库之间应遵循的数据交换协议；
- 软件解决方案：现成软件或新开发的应用程序。关于后者，在设计任何新软件之前，必须编制一份关于数据可接受性规则的详细手册。该手册应指定每个事件的类型和负责相关数据输入的人员。软件的开发和验证过程在第8章进行了详细描述；
- 软件和中央数据库备份协议。这可以在本地使用外部或联机的专用服务器。对于外部备份，如果由不同的机构或公司负责，则必须考虑数据安全和数据备份协议。在没有自动备份的情况下，应该定期手动备份数据，例如每周一次。

在动物记录系统（特别是用于动物追溯和疫病监测）中纳入地理信息系统和地图绘制应用程序，对于在收集和存储的其他数据被完全集成的地理数据构建标准化数据库的构建，产生了额外的挑战。必须规定详细的标准和程序，以尽可能确定畜舍（农场、屠宰场、市场、牧场等）的地理位置。另外，必须考虑具体的软件应用和算法解决方案来进行地理数据的操作和分析。最后，必须添加适当的技术来开发和管理地理数据并生成各种地理位置输出，例如互动式网络地图。重要的是要确保在负责开发此类系统的团队中有需要的具体专门知识。

行动5：确定所需的法律、政策和体制支持

重要的是确定现行立法中的规定是否足以确保饲养人员和其他利益相关方充分遵守对畜舍、饲养人员、畜主和动物进行识别和注册以及对动物事件、迁移、疫病的通报的有关要求。如果不是这种情况，将需要新的立法。还应规定动物记录系统的状态（自动或自愿）。许多国家的经验表明，多用途动物记录系统可能是无效的，除非其动物识别和注册部分在适当立法中被宣布为强制性的。这些立法的要素在第10章中有描述。

该计划还应规定：是否向管理人员提供任何现有的政府补贴或免费服务将取决于是否符合有关动物记录系统或其组成部分的特定要求（例如动物识别和注册，动物追溯或动物健康信息）。如果不存在这种补贴或免费服务，可以提出适当的激励计划。同样，如果对违规行为进行惩罚，应该明确说明。

在法律框架中需要解决的另一个关键问题是建立一个适当的机构来实施动物记录系统。有必要确定调节（协调）动物记录活动和管理中央数据库的主管当局。后者可将全部或部分活动委托给执行机构（这可能是由主管当局签约的私人公司）。至关重要的是，权利的界限需要被明确界定，并在主管当局的控制之下。如果主管机关和执行机构不同，应当界定其各自的作用、职责和关系。例如，执行机构可以分配供应设备和材料的责任，维护数据库，培训和协调所有其他参与组织。地方组织（例如各大中央机构的协会、合作社或地方办事处）的参与将提供机制，确保管理人员通过定期会议、研讨会、展览会和其他活动为系统的运作提供投入。如果涉及许多机构，应指定每个机构的作用和责任，并建立一个管理和监督结构，例如由所有利益相关方代表组成的指导委员会来监督执行情况。同样，也可能需要独立的体制安排来实施质量保证计划。

行动6：制订人力资源需求计划

人力资源计划应确定参与工作的人员所需的资料：

- 数据收集、录入和验证；
- 数据分析；
- 向用户提供信息报告和反馈；
- 数据库维护；
- IT开发。

必须定义负责系统各方面操作和控制的实施单位（见行动7）。为了估计所需的人力资源总额（例如现场工作人员，主管和数据录入人员的数量），应确定以下参数：

- 每天可以注册的畜舍数量；
- 在初始阶段每天可以标记和注册的动物数量；
- 每天可以登记的新畜舍的数量；
- 在维护阶段每天可以识别的新出生动物数量；
- 每天可以输入记录的数量（例如要通知的事件）。

基于上述情况，应确定、征聘和安置所需的技术、行政和现场工作人员。建立人力资源开发战略，确保各级人员的能力建设。

行动7：准备实施计划

该行动旨在制定针对动物记录系统实地实施战略。建议采用由试点阶段和推广阶段组成的分阶段方案。试点阶段旨在以有限的规模对该系统进行测试。这个阶段的持续时间可能是 3 ~ 6 个月。在推广阶段，逐渐覆盖整个国家或地区。推广阶段的持续时间取决于国家或地理区域的大小。无论什么阶段，实施计划可分为三个阶段：准备、执行和维护（见第 11 章）。

但是，在制定分阶段实施路线图之前，需要确定试点干预区域，建立实施单位，确定经营角色和职责。

**（1）确定一个试点干预区域。**在更广泛的范围之前，在较小范围内测试动物记录的所有方面，始终是一个明智的策略。试点区域的选择取决于动物记录系统的目标和组成部分。在动物可追溯性的情况下，试点地区可以由出口屠宰场、特殊商业生产区、无病区等组成。区域的选定，也应该考虑是否有利于控制定义区域与区域边际之间的部分。自然边界，如河流或山脉，在定义区域时可能会被使用。在生产性能记录的情况下，最好从几个有影响力的和先进的饲养员开始，以最大限度地发挥成功的可能性。还可以选择在同一地区而不是在不同地区进行操作的饲养者。这将使试点干预更容易进行后勤保障工作，也将有利于饲养员之间相互支持的环境。

在试验阶段应对动物记录系统的所有功能进行测试。对于动物识别和登记，应包括所有物种（或属于设定目标中的所有物种）的所有动物。为此，有关法律机关必须要求所有相关管理人员强制参与。

### ➲ 插文 8　动物识别和追溯系统单位：职务说明

**单位负责人**

动物识别和追溯系统单位负责人向主管部门主管报告，负责组织协调动物识别与追溯系统单位的活动，为该单位制订中期和年度工作计划，并监测其实现。职位描述可能包括：

一般义务：

- 分配任务，监测活动并实现既定目标；
- 批准利益相关者的不同手册；
- 监测员工的动物识别和追溯系统单位的性能；
- 与有关部门（如兽医部门）保持经常联系并交流信息和经验；
- 参与初级和次级立法及其他相关法律文件的编制和修改；
- 审查国际动物识别和追溯系统相关立法，例如重要的肉类进口国家，建议国家立法可能发生的变化；

- 编制执行动物识别和追溯系统活动的预算；
- 协调与动物识别和追溯系统的设计、测试、实施和升级有关的活动，包括规定中央数据库，其他与野外相关的硬件和软件应用的要求；
- 协调兽医部门和部门的动物识别和追溯系统数据库与其他IT系统的整合；
- 沟通和促进动物识别和追溯活动；
- 批准涉及动物识别和追溯系统的所有文件、报告和记录。

具体义务：

连续常规手术：

- 监测外地服务提供者的活动，应对面临的挑战；
- 监测迁移身份证和其他集中生产文件的打印和签发；
- 管理新畜舍（设施）的初步登记；
- 培训负责动物标识和追溯系统检查工作的外勤服务提供者、兽医检查员和其他人员。

固定间隔（每年）：

- 产生关于动物识别和追溯活动的统计数据（包括身份查验，注册和可追溯性的年度报告，其中包括设施、动物数量、检查控制措施、强制措施和处罚措施）；
- 建立风险准则，开展检查控制风险分析；
- 制订年度计划，对现场服务提供者和管理人员进行检查。

## 帮助信息操作员

- 向系统用户（现场服务提供商、兽医检查员和边境检查站）提供在线和现场支持；
- 分析系统功能；
- 为利益相关者准备演讲；
- 为最终用户组织培训课程和编写操作手册。

## 物流运营商

- 采购硬件和软件；
- 协调和监督动物识别和追溯材料和设备（例如农场登记册、迁移身份证、耳标、喷头和IT设备）的订购、签约和交付以及管理库存。

### AITS管理员

- 登记新机构并确认对机构信息的变更；
- 更新中央机构登记册中的新设机构、关停机构、所有权变更机构的数据信息；
- 在新的私人领域服务提供者的情况下授予特权；
- 组织维护硬件、软件和电子现场设备（如果有）；
- 提出改进；
- 跟踪现场服务提供者和管理人员的检阅控制；
- 建立备份程序；
- 生成报告。

### IT管理员

- 管理IT系统；
- 与现场服务提供商或其他区域单位安装远程支持软件；
- 解决硬件和软件使用问题；
- 授予系统帐户，权限；
- 纠正遇到的错误；
- 在需要时设置和更改系统参数；
- 跟进软件和硬件供应商的维护合同；
- 协调测试活动。

（2）**建立实施单位**。在确定的实施机构内建立专门的单位，全面掌握记录系统的实施和管理。这个单位将需要结合几个技能——管理、物流、培训、服务台和IT。动物识别和追溯系统单位关键成员的一系列职务说明见插文8。这些职位说明可以轻松适应动物健康信息或生产性能记录系统实施单位的要求。单位成员可能有多重责任，但责任不应该被分担。

（3）**确定经营角色和职责**。在这里总结了不同的参与者在中央数据和信息传输中扮演的角色和承担的职责：

饲养者报告识别动物、迁移和死亡情况，并要求提供材料，如耳标和动物迁移ID卡。活动可以通过具体表格、口头沟通或电话通知。饲养者也可以进行生产性能测量和记录。如果是这种情况，重要的是确保他们了解目标和操作规则和程序，确保他们具有准确记录数据所需的技能，并在记录数据和解释结果时获得适当的支持。

家畜技术员（兽医）识别和登记畜舍、畜主和管理人员以及动物；测量动物表现；向区域（区）办事处或直接向中央实施单位（中央数据库）报告耳标变化、迁移、死亡等情况。在公共畜牧技术人员（兽医）短缺的情况下，可以承包给服务提供者（如私营兽医、育种者协会和农民合作社）来履行这些任务。畜牧技术人员（兽医）或服务提供者所处的地理位置应靠近家畜的畜舍。这将降低运输成本，促进了家畜技术人员、兽医和饲养员之间的协作关系。

区域（区）办事处为畜牧技术人员（兽医）或服务提供者提供了第一级支持。他们输入屠宰数据（如果屠宰场缺少直接的数据库访问或不生成要发送到中央数据库的电子批处理文件）；实现畜舍、动物特征和迁移的变化；并处理打印迁移卡ID或其他文件的请求。区域办事处可能存在于较大的国家和外地服务提供者不直接掌握当地数据的地方。

中央实施单位负责整个系统的管理，包含：

- 参加组织的培训人员，技术人员和专业人员；
- 验证可疑的畜舍；
- 分发数据收集表格，动物迁移身份证或任何其他正式表格；
- 监督耳标（或其他标识符）的订单；
- 向区域办事处和外地单位提供所需的设备和材料；
- 检查服务发票（如果部分由政府支付）；
- 操作服务台并提供第二级支持，例如，参见插文8中提供的工作说明。

检查员（审计员）制订年度计划，包括对农场、屠宰场等在内的所有场所、动物以及动物迁移记录进行检查。检查员（审计员）还要对临时选择的畜舍进行检查。

参与实施动物记录系统的其他机构可能包括以下内容：

- 耳标制造商，为动物识别提供耳标；
- 兽医实验室，测试样品，其结果可以直接传输到中央数据库；
- 屠宰场，提供所有被屠宰的动物的通知；
- 牲畜市场，提供所有动物迁移的通知；
- 提供所有牲畜进出口通知的边境检查站；
- 研究机构，有助于定义生产性能测量，分析数据，解释结果，并用于改进育种或饲养业务。

角色和责任清单应根据系统的目标和组成部分以及有关国家的具体情况进行调整。

### （4）准备分阶段实施的路线图

表16列出了实施国家动物记录系统的路线图，其中包括三个阶段，即准备、执行和维护。

行动8：制定监督评估机制

应制定监测和评估工具，以确保利益相关者遵守为实施动物记录系统制定的标准操作程序。理想情况下，这一机制应以风险分析为基础，并应包括评估实地执行水平的指标。例如，该机制应检查选定的畜舍，以确保所有新生幼崽被识别和注册，报告所有死亡和迁移，并且在规定的时间内，没有正式识别号码的动物，不能被保存或迁移。

动物记录系统的实施不仅应在农场进行检查，还应在其他场所进行检查，如季节性放牧地区、乡村牧场、交易商所存牲畜、牲畜市场、展销会、展览场地和屠宰场。

行动9：准备预算和安全资金

在规划期间，应准备详细的预算（按活动和按年份组织）。所有假设和假设的单位成本参数应清楚地说明。还需要确定资金来源和不同利益相关方的贡献。这些方面的详细描述见第9章。

# *8*  设计和开发IT系统

## 8.1  介绍

　　前一章描述了开发由动物识别和注册、动物追溯、动物健康信息和生产性能记录四个部分组成的综合性多用途动物记录系统的战略计划。战略计划的一个关键因素是开发支持每个组件活动的IT系统。该IT系统将使用户能够捕获和验证数据，处理和存储数据，并将相关信息生成并传输给相同或其他用户进行决策和规划。它应该准确地反映现场活动和工作流程。 IT系统有两个组件：软件应用程序和硬件基础架构。要开发的IT系统的性质和范围将根据动物记录系统的具体目标而有所不同。尽管如此，在遵循的工作流程、规则和程序（也称为"业务流程"）以及采用的技术设计方面存在许多共同点。本章介绍这些共同点。

## 8.2  目标

　　本章的主要目的是为采购或开发综合性多功能动物记录系统的软件应用程序以及设置必要的计算机硬件提供指导。 特别是，它旨在指导用户如何：
- 定义有关软件和硬件的所有相关要求；
- 致电IT公司招标；
- 开发和测试软件。

## 8.3  开发IT系统的任务和行动

　　开发信息技术系统的标准过程在插文9中进行了简要介绍。本章特别侧重于第一阶段，准备用户需求规格（URS），因为这极大地影响了其他阶段和成功开发过程。

需要进行以下任务，以便准备URS并开发IT系统：

- 建立负责编制URS的IT项目组；
- 组织关键利益相关者的实地访问和访谈；
- 确定IT系统的目标和范围；
- 提供所需软件的一般描述；
- 详细描述软件的功能；
- 描述技术要求；
- 验证URS和模型；
- 致电IT公司招标；
- 开发和测试动物记录IT系统。

### ➲ 插文9　创建IT系统的标准流程

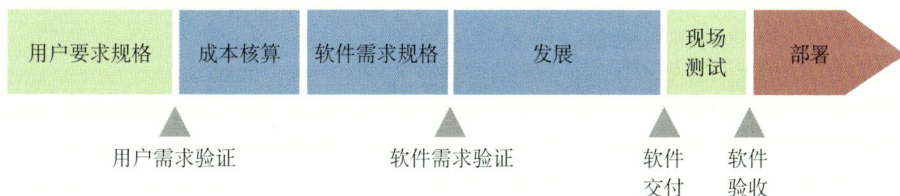

图A　开发IT系统的简化的项目阶段

为了实施支持动物记录系统的信息技术系统，项目组应采用标准的IT项目方法。这将有助于与签订合同的IT公司建立良好的合作伙伴关系安排，并防止由于误解和延误而导致的额外费用。简化的项目阶段如图A所示。

IT系统开发的过程可分为四个阶段：

（1）用户需求规范：第一阶段是详细说明利益相关者在URS文件中的需求。这个阶段可以分为几个步骤（图B）。项目组负责完成这个阶段。

（2）开发：成本核算，软件需求规格（SRS）起草和开发（包括内部测试）由承包的IT公司承担。开发的软件将安装在主机数据中心实现的平台上。

图B　开发URS文档的步骤

（3）测试：项目组应使用实际数据对软件进行测试。一旦测试完成并且系统运行令人满意，则必须签署称为验收表单的文档。

（4）部署：部署应在试点阶段开始，然后在更广泛的领域推广。

上述整个过程应在推出阶段前约18个月：

- 设计系统6个月，并批准用户要求规格；
- 开发软件（网络和移动）6～9个月；
- 6个月的现场测试和试验阶段。

**任务1：建立负责编制URS的IT项目组**

动物记录项目的IT部分本身就是一个项目。因此，应该任命一名项目负责人，最好是一名畜牧专家，并使其有权率领IT项目。围绕项目负责人组建一个项目组，以明确和一致的方式协助制定功能和技术要求。

项目组应包括：

- 支持业务目标的用户代表，并提供其核心业务技术技能；
- 支持战略目标并提供组织和管理技能的管理层代表；
- 协调人（顾问或顾问服务提供者）在开发此类系统方面经验丰富，被聘用以帮助项目组准备URS。

重要的是让IT专家能够定义一组非常详细的技术规范。这个人必须是项目组的成员。在URS阶段之后，项目组通常成为项目监督委员会，也可能包括来自签约IT公司的IT人员。

**任务2：组织关键利益相关方的实地考察和访谈**

这些准则中的概念章节（分别为第3、4、5、6章）中描述了识别和注册，追溯，健康和生产性能记录的利益相关者的信息需求，并在第7章中定义。在现阶段，项目组应收集IT系统用户所需功能的详细信息。为了做到这一点，他们应该拜访和询问关键利益相关者，并在开始准备URS文件之前收集详细信息。

受访人员是进行实地工作的有关组织、技术人员、兽医和服务提供者的牲畜饲养员、生产者、主管或经理。有必要对直接使用IT系统的每一类人员进行采访。访问期间要考虑的问题包括：

- 现有情况如何？
- 提议IT系统的利益相关者的需求和要求是什么？

第一个问题是指不同利益相关方的现有活动和工作流程，现有的IT系统和基础设施以及现有的文件和人力资源。这个问题在制订战略计划时通常得到解决（见第7章，任务1）。如果尚未完成，请收集所有相关信息。

仔细倾听每个利益相关者是重要的。如果利益相关者认为他们的意见被考虑在内，并意识到系统将包括满足他们需求的功能，他们更有可能参与和查看系统。相反，如果利益相关者觉得他们被强制采用僵化的制度，这可能会使他们产生抵触。此外，利益相关者通常希望控制自己的系统，不太可能共享治理。尽管如此，IT系统在不放弃个人控制的情况下，仍然能够共享数据和服务。

对于每项功能，描述活动和工作流程都是用来支持IT系统的。IT系统专注于各类利益相关方在现场所需的功能（识别技术人员、授精者、生产性能记录技术人员等）。重要的是要记住，不同类型的参与者可能需要相同的功能。

任务3：定义IT系统的目标和范围

一旦进行采访并收集了所需的信息，项目组就可以专注于制作URS文件。这个文件必须让利益相关者和签约的IT公司都能理解。

行动1：确定目标

IT系统的目标必须服务于动物记录系统，但也必须是特定的IT。他们的规划必须是精确的，因为它们将支持功能设计并支持实施后评估。经常在两个不同层面上制定目标：

- 在战略层面上，目标明确而简明（三四个明确的句子）的阐述创建IT系统的原因及其预期。例如，该制度必须使该国能够遵守欧盟肉类出口条例。该信息必须在URS文件中指定，这将是提供给IT公司的唯一技术文件。
- 在业务层面，目标服务于战略目标，并系统地描述IT系统的运营服务和成果。还需常需要一个包含三到十个要点的列表。例如，这些可能包括：
  - 向技术人员提供智能手机应用程序，使他们能够识别场地和饲养者以及动物；

- 捕获健康和生产事件并将这些数据报告给中央数据库；
- 为利益相关者提供一个基于互联网的仪表盘，使他们能够访问识别、可追溯性、健康和生产数据（根据他们的特权）。

规划运营目标是必需的，因为它驱动项目组来描述系统将为用户提供的服务和功能。IT系统的战略和运营目标对于每个国家可能会有所不同。表6列出了根据该国的具体要求进行调整或完成的若干目标。

**表6　基于国情通过或改写IT系统的目标**

| 战略目标 | 运营目标 |
| --- | --- |
| ☐ 在____的控制下，将所有有关处所、饲养人、所有者和动物的信息聚集在一个独特的国家数据库里，以便为涉及动物生产和健康的公共和私人组织提供牲畜数据管理系统 | ☐ 根据其特权，为所有利益相关者建立一个综合网络门户网站，提供广泛的服务：<br>• 动物识别和标签管理；<br>• 行迹跟踪与库存更新；<br>• 健康，疫病控制和预防；<br>• 牛奶和肉类的生产性能记录 |
| ☐ 集中所有关于国内动物迁移或运输的信息（从出生到死亡），以便随时跟踪任何动物，并公平分配激励。提供所有处所利益相关者的更新动物库存 | ☐ 向公共和私营畜牧业组织的现场技术人员提供多功能软件（适用于Android、Apple和Windows智能手机和平板电脑），用于以下现场活动：<br>• 畜舍、饲养者和畜主注册；<br>• 动物标签和注册；<br>• 记录动物迁移；<br>• 动物授精和繁殖管理；<br>• 生产性能记录 |
| ☐ 根据他们的特权，向利益相关者（如农民、服务提供机构和农业顾问）提供一整套相关服务和统一的动物和生产数据信息，以支持牛奶和肉类生产链和国家的粮食安全 | ☐ 创建一组标准数据Web服务［简单对象访问协议（SOAP）或等同的协议］，从而使授权的利益相关者能够从他们自己的IT系统与中央系统进行交互（如宣布犊牛降生或自动接收动物的屠宰信息） |
| ☐ 创建一套独特的国家服务和统一的疫病控制数据。通过提供网络和移动设备，以实现公共和私人卫生组织，兽医和管理人员的最大限度的参与 | ☐ 创建决策和统计数据库，每个月自动生成一套信息报告和统计简报，包括牛、羊、牛奶生产、出口等的更新数据 |
| ☐ …… | ☐ …… |

行动2：定义范围

该范围描述了IT系统必须适应功能和实体的列表，以实现定义的目标。如表7所示，在此阶段不需要提供过多的细节。由于时间和财政资源的限制，从一开始就将所有职能纳入IT系统是不可行的。因此，有必要确定优先级，成功的动物记录系统最为关键的功能将首先发展，稍后再加上关键的。这意味着IT系统必须是模块化的。

表7　IT 系统的范围

| 根据IT系统的目标和国家的具体要求来适应的主要功能 | | 第一年 | 第二年 | 第三年 | 第四年 |
| --- | --- | --- | --- | --- | --- |
| 动物识别和注册 | 畜舍注册 | × | | | |
| | 畜主注册 | × | | | |
| | 管理员注册 | × | | | |
| | 动物注册 | × | | | |
| | 标签管理 | × | | | |
| | 记录出生和死亡 | × | | | |
| 动物行迹 | 畜舍转移注册 | × | | | |
| 动物健康 | 管理动物、畜群及区域的健康状况 | | × | | |
| | 根据健康状况授权动物迁移 | | × | | |
| | 为消除疫病，对迁移前动物的控制和分析的管理 | | …… | | |
| | 疫苗接种活动的注册和管理（例如FMD）及其他预防措施 | | | | |
| | 支援动物健康服务 | | | | |
| | 疫病诊断与检测服务 | | | | |
| 动物育种 | 启用生产性能记录 | | | | |
| | 支持人工授精 | | | | |
| 农场管理和营养 | 营养咨询 - 日粮平衡 | | | | |
| | 饲料和饲料样品检测服务 | | | | |
| | 所有权证明-减少牛发出沙沙的声音 | | | | |
| 畜牧管理和统计 | | | | | |

任务4：提供所需软件的一般描述

行动1：确定参与者并在IT系统中确定其责任

在设计IT系统之前，必须识别动物记录系统每个组件的所有用户 (这里称为功能区域)。例如，IT系统的用户在乳品生产部门的生产性能记录可能包括：

- 奶农；
- 服务提供商，如从事人工授精的技术工人，牛奶记录服务技术人员和技术顾问；
- 执行基因评估方案的遗传学家；
- 实验室中牛奶成分检测或饲料检测的实验员；
- 乳品加工厂经营者；
- 私人兽医；

- 营养学家。

用于动物追溯的IT系统的用户可能包括：

- 商业农民（小农通常不是系统的直接用户）；
- 标记技术人员以及畜舍、畜主、饲养员和动物的注册者；
- 动物卫生当局和动物卫生领域的经营者；
- 区域和中央数据输入操作员；
- 屠宰场经营者；
- 现场视察员；
- 动物追溯中心技术单位的工作人员。

类似地，用于健康目的的IT系统的用户可能包括：

- 组织执行消灭疫病、疫苗接种和检测方案的组织工作人员；
- 私人兽医；
- 屠宰场，疫病诊断实验室，省、州兽医保健部门的工作人员。

项目组应在个人层面而不是在组织层面详细说明这一清单，因为：

- 该软件旨在根据具体任务由个人使用；
- 属于不同组织的一些个人可能有共同的要求（例如来自不同组织的人工授精者必须登记）。

根据收集到的信息，项目组将必须制定一个参与者和相关责任表（表8），其中行动应严格反映定义的现场任务和工作流程。在软件中，参与者将形成档案，其角色和职责将成为相关的模块和功能。

表8　参与者及其职责

| 参与者 | 目标体系中的角色和职责 |
| --- | --- |
| 标签助理 | 注册新的动物和场所<br>在处所内更新动物名单<br>具有相同的任务与移动应用程序 |
| 数据录入员 | 捕获识别表单<br>打印畜舍清单、身份证和检验单，将文件发送给相关参与者<br>处理轻微的输入错误并提供报告 |
| 现场检验员 | 捕获耳标分配给标签助手并由其使用<br>读取数据输入和错误报告<br>阅读该地区的人员列表、畜舍列表和动物列表<br>阅读检查表并捕获更正的数据<br>与移动应用程序执行相同的任务 |
| 负责肉品检验的兽医 | 捕获的动物身份证和耳标<br>捕获屠宰动物的动物标识 |

（续）

| 参与者 | 目标体系中的角色和职责 |
|---|---|
| 牲畜市场代理人 | 捕获出售动物的行迹 |
| 实验室分析代理人 | 捕获个体分析结果 |
| 中央（国家机关） | 阅读人员名单、畜舍清单和动物名单<br>发送耳标订单给制造商<br>确认捕获耳标系列<br>分配捕获耳标或重新分配<br>为相关参与者分配权限<br>处理错误<br>读取管理报告 |
| 中央技术部 | 阅读人员名单、畜舍清单和动物清单<br>管理系统质量<br>阅读管理报告<br>管理门户内容 |
| 畜牧业组织 | 为其区域实时获取数据集<br>阅读牲畜报告<br>读取与其级别相关的管理报告 |
| 来宾用户（未认证） | 阅读公共报告（地图和其他信息，无需访问敏感数据）<br>输入用户意见 |

行动2：描述监管要求

URS应描述所有法律要求，包括现有和附加的（见关于动物记录系统法律要素的第10章）。例如，在软件中必须遵守畜舍、所有者、守护者、动物标识符的结构和独特性。如果法律要求附加一些强制性的规定，那么软件也必须突出这些强制性规定。第7章任务1讨论了对现有国家兽医保健、公共卫生、畜牧养殖、数据管理和统计等立法进行审查的必要性。

行动3：识别与其他系统的数据接口和数据交换

URS文档的这一部分处理系统之间的数据流。它没有描述数据捕获的模块。如果其他IT系统有可能与动物记录系统交换数据，则项目组应尝试找到最简单的方式来实现此交换。数据接口的描述应该反映在表9中。

项目组应牢记，数据接口在开发和维护方面往往是昂贵的，特别是双向交换。这就是为什么在目前存在很少家畜IT系统的国家，强烈建议建立一个完全集成的系统，并为所有功能领域提供一个单一的数据库。

表 9　数据的输入和输出接口

| 定位 | 描述 | 模式 | 频率 |
|---|---|---|---|
| 输入 → | 从现有的国家实验室 IT 系统：输入的血液分析结果显示在健康模块的动物记录系统。后者将从实验室数据库中实时请求数据，并直接显示在其自身的接口（如简单对象访问协议） | 数据网络服务协商 | 根据需求 |
| 输入 → | …… | | |
| ← 输出 | 动物记录系统将产生任何利益相关者可读的标准文件：<br>• 畜舍<br>• 畜主<br>• 饲养员<br>• 动物 | 标准文件传输（XML） | 逐日 |
| ← 输出 | …… | | |

行动 4：绘制 IT 系统的功能图表

当 IT 系统的功能面貌变得清晰时，项目组可以用视觉图表的形式进行表示。这种工具在提高利益相关者之间的理解方面非常有用。图 16 提供了一个

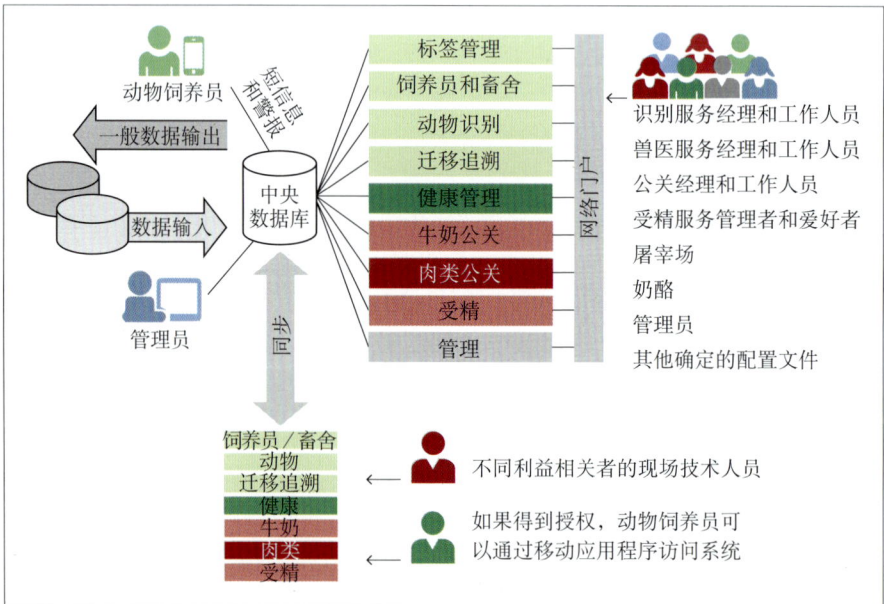

图 16　目标系统的一般功能

图表的例子。

图16用圆柱体表示数据库，用矩形表示功能。个人（也可能是他们的主要活动）也被表示，用简单的箭头表示他们的网络连接或访问应用程序。双箭头表示数据库之间或数据库与具有自带数据库的移动应用程序之间的交换或同步。

行动5：建立通用的功能表

通用的功能表是URS文件的关键表格。它提供IT系统的功能结构，并将由IT公司用于计算系统的成本和功能。每个服务（功能）都在一行中描述，表格通常包含70～150行。每一行提供所需的模块数目，以便开发功能、导入和导出以及打印。它显示每个用户的特权以及要开发的模式：网络屏幕和移动应用程序屏幕。表10列出了功能表的一个例子。

行动6：描述使用条件和人体工程学要求

URS文件的这一部分侧重于系统的可用性。软件的设计应该满足用户的需要，以方便部署和鼓励使用。特别要考虑几个项目。

**（1）手机使用条件。**

• 屏幕尺寸要求：移动应用程序应适应于 $x \sim y$ 英寸[①]的屏幕（智能手机为4～5.5英寸，平板电脑为7～10英寸，两者之间为4～10英寸）。

• 可触摸元素的尺寸（例如按钮，复选框）：对于经常使用的元素，最小为7毫米×7毫米，最好为9毫米×9毫米。

• 颜色和对比度：如果应用程序在日光条件下在户外使用，文本和背景之间的对比度必须高于五分之一。[②]

**（2）性能。**项目组必须考虑到该国的平均网络速度（其中往往很慢）。如有必要，应采取速度测量并将其记录在URS文件中。在正常网速速度（例如1兆字节/秒）下，专业网页通常在5秒内载入。在URS中应该提出这一点，以避免与IT公司造成误解，并优化每个设备上下载的数据量。如果可能，项目组应提供相关的设备规格或选择与开发阶段相关的IT相应模型。

**（3）服务效率。**工作顺序包括级数（点击数）必须进行优化，以满足现场条件。这一点对于经常使用的屏幕至关重要，并可能导致软件的不兼容。优化屏幕效率的最佳方法是与工作组设计模型，并从IT公司请求测试版，以便在生产之前测试用户界面。

---

① 英寸为非法定计量单位，1英寸＝2.54厘米。
② 请参阅W3C指南，网址：www.w3.org/TR/1999/WAI-WEBCONTENT-19990505。

表10 功能的表的第一个输入行

| 模块 | 序号 | 服务名称 | 功能说明 | 内容 | | | 访问服务的不同配置文件 | | | | | | | | | | 媒体 | |
|---|---|---|---|---|---|---|---|---|---|---|---|---|---|---|---|---|---|---|
| | | | | 屏幕数量 | 导入(导出)数量 | 标签打印数量 | 标签助理 | 数据录入员 | 农民 | 市场供应服务代理者 | 兽医(肉检员) | 现场监督 | 州级层面授权 | AITS中央层面授权 | 家畜组织技术单元 | 访客用户 | 移动应用 | 网页 |
| | 1 | 捕获饲养人员和场所 | 该服务允许用户捕获或更新现养场所收集的关于饲养者及其场所的数据。为畜舍和管理人员提供的数据。表格包含与纸张表单相同的数据。同时的设计也必须与纸张表单兼容。 | 2 | | | B | B | | K | | | D | N | | | • | • |
| | 2 | 畜舍和印刷品清单 | 畜舍ID, 饲养员姓名, 村庄ID, 村庄名称, 电话, 合作社, 村庄和区域, 区块和区域。每条线路提供进一步细节的链接, 允许授权的行为者更新或删除信息, 并进入"饲养员和处所"登记表 | 1 | 1 | | B | B | | K | D | D | D | N | Z | | • | • |
| | 3 | 管理人员名单 | 这份清单显示畜舍注册的负责人、联系方式和其他细节。该页面可以选择打印畜舍注册负责人名单。 | 1 | | | B | B | | K | D | D | D | N | Z | | • | • |
| | 4 | 畜舍普查进度 | 该服务提供关于用户地理区域的普查进展情况, 例如注册的管理人员和畜舍的数量。用户根据州, 区域和街道筛选出该地区, 并获得详细列出村庄和管理人员数目的村庄清单 | 1 | | | | | | | | D | D | N | | | | |
| | 5 | 关闭畜舍 | 在这里, 有关当地人员可以在场地输入活动结束的日期和理由 | 1 | | | | B | | | | D | D | N | | | | • |

注: 配置文件列中的字母表示特权: B=块, D=区域, N=国家, K=守护者, Z=区域或地理区域。
资料来源: 改编自印度的URS文件。

➡️ **插文10　功能描述**

用于描述功能的标准方法如下：

- 功能的目的。 该功能的目的是从现场技术人员收集的纸质副本上捕获移动应用程序或网络屏幕上的处所数据，并显示处所清单。
- 使用步骤，导航。 当进入新的畜舍或更新信息时，用户将检查该地区的畜舍列表，以查看畜舍是否已经存在于数据库中。 如果是这种情况，用户可以选择它，显示其细节并对其做出修改。 如果找不到畜舍，则用户将创建一个新条目，软件会生成一个自动畜舍标识符和一张准备好进行数据采集的空表。 一旦创建了畜舍入口，用户就有权访问动物注册页面并宣布与畜舍相关的所有动物。
- 显示、捕获主要数据。

| 数据类型 | 畜舍屏幕 | 畜舍清单 | 控制和评论 |
|---|---|---|---|
| 表格编号 | M | | 只有从纸张形式获取数据 |
| 普查日期 | M | | 如果通过手机直接获取数据，则普查日期为当前日期 |
| 纸质采集负责人 | M | | 如果通过手机直接进行数据采集，负责人是用户（在这种情况下无法捕获） |
| 畜舍的状态 | M | | 从下拉列表中选择选项 |
| 畜舍所在区 | M | | 从下拉列表中选择选项 |
| 封锁处所 | M | | 从下拉列表中选择选项 |
| 村名 | M | | 从下拉列表中选择选项 |
| 该处所的村庄编号 | | | 由系统推断 |
| 该处所的纬度 | O | | 通用横轴墨卡托（UTM）中的千米纬度坐标 |
| 该处所的经度 | O | | UTM中的千米经度坐标 |
| 机构名称 | O | | 组织名称：从下拉列表中选择选项 |
| 组织 ID | | | 系统生成的内部ID |
| 房屋合作社 | O | | 合作社名称：从区域合作社下拉列表中选择 |
| 提供服务的附件 | M | | 每个场所都连接到服务提供商（私人或非私人）。此附件定义了服务提供商或地方当局对该场所的责任 |
| 该处所的正式身份证件 | | | 由系统为每个新的场所提供，不单独采集 |
| 畜舍名称 | M | | 如果所有者ID已被捕获，系统将显示该ID；否则，自由文本输入 |
| 电话 # | O | | 电话号码（系统控制格式：位数等） |

注：▇ = 只读；▇ = 读写；M = 强制捕获；O = 可选；空白 = 无法捕获。

主要业务规则：

- 畜舍由系统提供的官方标识符定义。这应该是一个村庄内的一个位置，在条件允许的情况下，可以使用GPS坐标。
- 在任何时候，一只动物或者住在单一处所或死亡。
- 畜舍可以属于合作社和组织。

- 饲养员和畜舍之间没有直接关系。动物构成了他们之间的联系。数据架构考虑到商业农场以及集体处所，其中所有权或管理权属于不同饲养者的动物住在同一地点，分享相同的畜舍，但不是同一饲养员。

- 屏幕实物模型和文档。为了便于工作组的功能设计过程，应该为关键模块设计模型。在URS中包含数据收集和（或）输入的现有（或模拟）文件是有必要的。

（4）**其他人体工程学方面**。门户菜单以及移动应用菜单（如果有）应详细描述，包括系统导航（特别是横向导航）以及引导用户所需的所有元素（工具提示、图标等）。项目组还应请求并验证来自IT公司的用户界面准则文件。

（5）**语言**。如果软件是多语言的，则必须在URS中清楚指定该软件，并详细说明要使用的字符类型（例如阿拉伯语、西里尔文、拉丁文）。IT公司必须提供包含文本和标签的外部文件，项目组通常负责翻译。

行动7：决定是否建立具体的国家软件或购买现有软件

项目组必须选择两种IT解决方案：

• 购买由IT公司设计的现有软件，并根据国家需求进行定制或调整；

• IT公司招聘开发专门针对该国的IT系统。

一般来说，第一个选项比第二个选项便宜而且省时。然而，预先设计的商业软件不太可能提供足够的可定制性来满足新的动物记录系统的所有要求。只要有足够的资源和能力，建议本地开发软件以满足特定需要。如果项目组决定购买现有软件，则在比较报价之前必须建立通用的功能表（见插文9）。如果项目组决定开发一个特定的系统，项目组将必须详细说明软件的功能（见任务5）。

任务5：详细描述软件的功能

行动1：遵循标准方法来描述模块和功能

通常，用于软件菜单的方法为每个条目分配单一功能，例如捕获场所数据。功能的完整列表和每个功能的单个描述是URS的基本要求。IT公司将需要这些描述来设计数据模型、业务规则和屏幕。如果菜单太长，可能会在子模块内聚合某些功能。例如，数据库的管理可以在单个描述（例如管理利益相关者、用户和服务）下重新分组。

行动2：利益相关者分享项目愿景

项目组在参与和吸引利益相关者方面发挥主要作用。他们应该分享对项目的看法：

- 使用图表准备对IT系统的简单和可视化描述，例如，使用PowerPoint幻灯片；
- 创建Web门户和移动应用程序主屏幕的动态模型。这不是技术原型，模型不应该在开发阶段重复使用；
- 在确定URS文件之前，与主要利益相关者分享这些支持材料并收集意见；
- 使用不同类型的最终用户组织用户界面测试。这些符合人体工程学的测试应采用动态模型，并使用典型的简单操作场景（例如宣布新场所，新动物等）。这个阶段快速而易于组织，具有高度指导性，可以帮助避免严重的设计错误。

任务6：描述技术要求

IT系统的技术设计通常由IT公司开发，以满足功能需求。因此，URS文件只能描述特定的技术要求。因此，这部分URS描述比功能描述短得多。

系统技术要素介绍。IT系统的各个元素可以分为两个主要的子集（图17）：

- 存储数据和提供网络服务的中央基础设施；
- 分布式现场设备，用于捕获数据和接收信息。

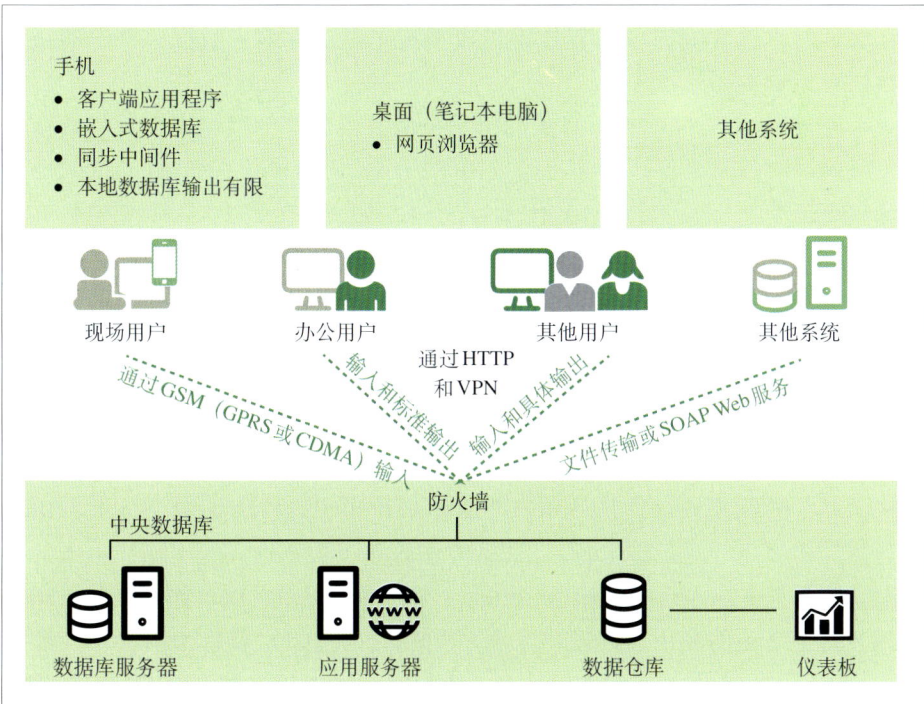

图17 信息技术系统的技术要素

（1）**中央基础设施存储数据并提供网络服务**。所需的主要资源包括用于托管数据的数据库服务器，用于托管基于Web的应用程序和同步服务的独立服务器，以及高速互联网访问。中央基础设施还应该有良好的数据备份和恢复服务。生成复杂的报表和图形往往会消耗很多资源。因此，建议使用额外的数据库服务器，以特定格式存储数据，以便在功能要求中定义允许生成用户需要的特定报告和图形。

出于安全目的，存储在数据中心的数据应该在距离主要站点30多千米的第二个站点复制。如果主要数据中心受到火灾等灾害的破坏，那么第二个站点就会重新启动系统，以最小限度地减少数据损失，保护数据使用期限。数据备份的频率和重新启动的时间，分别称为恢复点目标（RPO）和恢复时间目标（RTO），应由项目所有者定义，通常小于2小时（RPO）和4小时（RTO）。负责主数据的公司必须承诺保证RPO和RTO。

（2）**用于捕获数据和接收信息分布式现场设备**。用于在现场捕获数据的可用技术可以分为以下三组：

①通过连接的桌面（笔记本电脑）收集纸上的数据并输入数据。中央服务器通过网页提供功能，允许各种利益相关者通过授予个人特权和访问指定信息的门户网站来捕获或显示信息；

②通过本地数据库中的智能手机或平板电脑离线输入数据，并定期将本地数据库与中央服务器同步；

③通过XML文件或Web服务启用中央服务器与其他数据库之间的数据交换，实现实时数据交换；例如，通过简单的对象访问协议（SOAP）或其他可互操作的技术。

系统访问应尽可能广泛，连接的计算机辅以与本地数据库相关联的智能手机或平板电脑。该模型描述了大多数主要IT系统的当前架构。因此，可以使用上述前两组中引用的所有类型的设备（例如，组①中的平板电脑和智能手机以及组②中的笔记本电脑和桌面）。

通过桌面（笔记本电脑）收集纸上的数据并输入数据，以生成操作报告。

在这种情况下，现场工作人员将收集指定格式的数据并将其分派到附近的工作站，数据输入操作员使用基于Web的应用程序将数据输入连接到中央服务器的台式机（笔记本电脑）。这种方法重复了数据输入的工作，也增加了错误，增加了成本并造成了延迟。然而，在许多情况下，这可能是唯一可能的选择。基于Web的应用程序提供了各种用户界面（UI）表单来输入和验证数据。它还可以在桌面（笔记本电脑）上生成操作报告，需要使用适当的网络浏览器（例如Internet Explorer、Firefox和Chrome）。

通过本地数据库中的智能手机或平板电脑离线输入数据，并定期将本地数据库与中央服务器同步。

在这种情况下，现场工作人员提供智能手机或平板电脑。智能手机嵌入了定制设计的客户端应用程序、本地数据库和同步中间件。客户端应用程序提供UI来输入和验证数据并更新本地数据库。同步中间件通过无线连接将本地数据库与中央数据库进行同步。智能手机使用任何可用的移动操作系统（OS），例如Google的Android，Apple的iOS和Microsoft的Windows手机。当使用智能手机时，数据输入仅发生一次，错误在源处被更新，并且数据更新（本地）无延迟地发生。当设备同步时，中央数据库将被更新——一个可以自动化的过程。与工作站方法不同，许多现场工作人员使用提供给他们的智能手机输入数据。这意味着将不得不提供和维护许多智能手机。另外，每个现场工作人员都需要一个用户ID。

## ➡ 插文11　国家乳品发展委员会动物生产力与健康信息网络（INAPH）

印度国家乳品发展委员会（NDDB）开发了一个综合IT系统，被称为动物生产力与健康信息网络（INAPH）。该信息网络基于力场自动化，采用移动技术（GSM或CDMA）。现场技术人员提供手持设备（PDA或智能手机或上网本），通过正确的验证实时记录活动，并生成监测和控制村级日常活动的信息。该系统是基于Windows Mobile的应用程序，使用.net框架和SQL CE数据库开发，以及移动同步中间件。现场一级的工作人员使用GPRS / CDMA服务将数据与古吉拉特邦州阿南德的INAPH中央服务器进行同步。基于网络的网络版本可在台式机（笔记本电脑）上使用，用于输入数据并生成所需的信息。桌面版本也是使用.net框架开发的。INAPH在阿南德设置了一个DBMS Microsoft SQL服务器来托管数据。维护单独的Web服务器以托管所有基于Web的应用程序。Microsoft ASP .net框架用于开发应用程序。该系统还可以向农民发送短信提醒，以提醒他们有关动物的预定干预措施（有关INAPH的更多详细信息，请参阅http://NDDB.coop）。

由Kamesh Trivadi博士提供。

通过XML文件或数据Web服务（SOAP或等同的）进行中央服务器和其他数据库之间的数据交换。

如任务4（行动3）所述，完全集成系统的开发对于动物记录经验较少的国家而言更为可取。然而，大多数国家已经有几个具有相应数据库的单一或多用途IT系统。在这种情况下，可以通过XML文件协议或SOAP等实时技术在这些数据库和中央服务器之间进行数据交换。另一个选择是文件传输，这对于不能实现基于Web的应用程序的外部组织可能特别有用。在这种情况下，参与组织将其数据输入到指定的文件中，并使用互联网宽带或虚拟专用网（VPN）将其数据传输到中央服务器。基于Web的服务器上的应用程序提供FTP文件服务来传输这些数据。

行动1：描述软件的技术要求

项目组应在URS中描述以下要求：

- 数据量。提供有关要存储在数据库中的数据量的信息；估算使用者、场所、饲养人员、动物、动作、事件、文件等的大致数量。
- 访问安全。指示所需的安全类型（加密密码、密码更新等）。指定登录名和密码是否应该与其他系统的密码重复。
- 功能日志。软件应该在每个步骤注册功能日志。它应该能够识别谁在每个步骤执行每个动作（即谁捕获数据，何时，谁修改它，谁取消了它等）。这对系统的有效监督和保证数据质量可靠性至关重要。如果需要，它还可以帮助提供利用统计和计费文件。
- 针对一系列屏幕尺寸和分辨率显示优化。需要在屏幕上使用优化的演示文稿：
  - 对于移动应用，它可以是4～6英寸，4～10英寸或7～10英寸，分辨率从480像素×800像素或1 024像素×600像素开始。
  - 对于门户网站，它可以是11～19英寸，分辨率从1 024像素×600像素开始。
- 移动应用与操作系统（OS）的兼容性。要求与Android、Windows 8和Apple完全兼容，或者只是兼容Android。确保应用程序随着时间的推移适应操作系统的更改。
- Web服务与主要浏览器（Internet Explorer、Firefox和Chrome）的兼容性。指定版本，并要求持续的兼容性。
- 关于开发技术和架构的要求。如果系统由一家使用一种技术的本地公司或组织进行维护，则项目组应该要求IT公司以相同的技术开发新的系统。例如，一些组织只使用Microsoft或Java。

行动2：描述平台和托管服务要求

IT系统应该托管在一个数据中心，可以保证供电、发电机、空调、防火墙、备用系统、互联网等关键要素的接入，以及防止火灾、洪水的物理入侵。

这些要求对于高效和安全的系统而言是必需的。

项目组可能决定在开发阶段发出招标要求，选择数据中心。如果国家没有合规的数据中心，系统可以在国外托管。该决定应尽可能地基于技术和安全问题。对于招标要求，项目组应规定预期的服务水平，包括带宽要求（表11）。至少在最初几年，与开发软件的IT公司一起托管系统可能是一个很好的解决方案。

**表 11　托管服务需求**

| | |
| --- | --- |
| 系统运行时间 | 连续 |
| 系统监督时间 | 周一至周五，07：00至21：00 |
| 系统可用率百分比（每月） | 99.98% |
| 一个页面的响应时间为50千字节（内部时间） | 2秒 |
| 提供带宽 | 4兆字节/秒 |
| 监督期间服务中断的最长期限 | 4小时 |
| 提供预生产平台 | 相同的平台 |
| 提供测试和培训平台 | 是 |

任务7：验证用户需求规格和模型

项目组将需要大约6个月的时间来收集信息并生成URS。本文档的验证是整个过程的关键步骤。主要利益相关方和执行机构的高层管理人员应该以官方身份参与模型的验证。通常，模型在同一时间被验证。一旦确认，URS文件可被用作招标要求的技术参考。

任务8：发出招标要求

这种方法传统上包括根据国家的招标条例和程序向IT公司提供URS。为候选人提供标准成本计算网格是有用的，以获得可比较的优惠，并了解各种解决方案之间的差异。在招标文件中应提及客户对软件的完全所有权声明，因为一些IT解决方案可能会附带许可证（在这种情况下，供应商保留软件的所有权）。

任务9：开发和测试动物记录IT系统

（1）组织

如任务1所述，项目组和IT公司的团队领导可组成监督委员会，负责监督软件的开发。同样，项目负责人、执行机构负责人和IT公司的经理也可能组成一个指导委员会，在IT项目实施过程中，将对计划和预算进行重大决策。

（2）开发阶段

软件开发过程可能涉及以下步骤（见插文9）：

①IT公司准备SRS文件，涉及：

a.在技术术语中指定所有的使用案例，提供目的、数据元素、业务规则等的细节。这是软件开发过程的一个非常关键的阶段。

b.提供数据模型、业务规则及网络和移动软件的技术架构的详细信息。根据所涉及的复杂程度，这个阶段可能需要3～6个月的时间。

②由项目组仔细验证SRS，接着正式验收。

③提供项目组测算所需的真实数据集和情景。

④由IT公司开发每个功能模块和内部测试。

⑤由项目组使用不同的对象设备、计算机和配置进行测试。这个活动可能需要3个月的时间。测试应在支付之前进行，并应包括软件的功能测试和负载测试，以验证整个系统（硬件和软件通信线路）是否能以足够的性能进行响应，包括当所有假设用户连接到系统时。

⑥IT公司开发团队应纠正在应用程序测试过程中出现的任何问题。在完成所有更改后，最终版本可以提供给项目组。

⑦软件的最终验收。根据软件的复杂性情况，整个过程可能需要24～30个月。

IT公司和项目组在软件开发过程中需要紧密合作。项目组应为IT公司提供持续的指导和定期反馈。IT公司应提名业务分析师担任IT公司的主要客户经理，并与项目组紧密合作。鉴于功能范围广泛，建议采用模块化软件开发方式，其中项目组和IT公司开发团队协作。在这种方法下，开发团队在每个模块上工作，讨论项目组的解决方案，并添加后者建议的修改，直到解决方案被接受。IT公司然后进入第二个模块并重复该过程。在开发团队完成一个功能模块的工作之后，项目团队才能够进行测试。因此，开发和测试的过程一起进行。

# *9* 评估投资决策

## 9.1 介绍

开发国家动物记录系统需要大量投资，因为系统不仅要实施，还要维护。因此，政府应该在把该系统应用到企业之前分析其成本和收益。分析还应考虑非投资的影响，例如市场排斥的风险或出口动物和动物产品的难度增加。另一个潜在风险是由于每只动物的生产力下降而导致竞争力下降。在制定项目时，重要的是确定目标和结果，确定实现这些目标的战略，并估计执行战略所需的预算。该过程将是迭代的，直到最佳技术方案与有限的可用资源达成妥协为止。

这些准则旨在为承担这一任务的团体提供支持。第7章和第8章分别描述了开发综合性多用途动物记录系统的战略计划和支持这些活动所需的信息技术。本章提供了关于进行初步成本效益分析的指导，以帮助决策者选择最合适类型的动物记录系统及其组件。本章提供模拟和示例来帮助实现这一操作。本章还讨论了，对于所有利益相关者来说，使得该系统价格合理并且可以接受的所有选择。特别关注的是动物识别、注册和追溯系统，因为该系统已经有一些可获得的数据。

## 9.2 目标

本章的主要目标是向用户提供动物记录系统的成本和收益的详解，特别是动物识别、注册和追溯系统，以确定和评估在主要受益者之间建立公平分配成本的方式。

# 9.3   评估成本和效益的任务和行动

关于牲畜动物记录系统的成本和收益的文献很少。虽然有一些结构化的成本近似值（表12），但很难找到关于利益量化的信息。这与动物记录本身就是一种工具而不是目的相关。因此，任何收益都是间接或来源于使用该工具活动的结果。公布的财务分析显示，变化取决于目标、物种、地区、覆盖面积、生产系统的规模和类型以及管理人员参与程度等因素。

必须采取以下任务来评估动物记录系统的成本和收益：

- 识别和评估成本；
- 识别和评估收益；
- 评估成本效益关系；
- 明确可持续性的要求。

表12   动物识别和追溯系统的典型运营成本

| 描　　述 | 新生犊牛成本（美元） | 因　　素 |
|---|---|---|
| 耳标，仓储配送物流 | 0.30 ～ 1.00 | |
| 纸张形式和预印产品，仓储，物流 | 0.05 ～ 0.10 | 国家规模，牛密度，生产系统 |
| 动物追溯单位成本（员工、办公和行政费、热线、沟通、旅程） | 0.15 ～ 0.70 | 标识符、涂药器、识读设备 |
| 识别装置（耳标）的更换成本，包括物流 | 0.00 ～ 0.20 | 动物可追溯性计划（工作流程，移动报告的程度，纸质表格）任务分配（动物饲养员、服务机构） |
| 硬件和软件的折旧及维护，托管服务器，互联网访问 | 0.30 ～ 0.50 | 互联网覆盖，IT基础设施 |
| 实地工作的劳动力成本：识别（标签），移动记录和注册（数据捕获和数据输入，包括工作时间和运输） | 0.50 ～ 3.00 | 基础设施，旅程时间，服务人员的工资 |
| 兽医检查和现场控制（检查员费用，办公费用和运输费用） | 0.00 ～ 1.00 | 对现场控制措施的运用 |
| 总成本 | 1.30 ～ 6.50 | |

资料来源：由Ferdinand Schmitt提供，根据各种动物识别、注册和追溯项目（2014年）汇总的数据。

任务1：确定和评估成本

行动1：确定动物识别、注册和追溯系统的费用项目

任何项目都将涉及与长期使用资产的购买相关的初始投资或资本成本，

以及实施期间定期发生的经营成本。资本成本可能包括建筑、设备、IT和通信硬件、软件、车辆等。运营成本通常分为两类：

可变成本（或直接成本）根据活动水平而有所不同。在动物识别、注册和追溯系统的情况下，它们可能会因所在处所、管理人员和所有者的数量、动物和动物记录而变化。

固定成本（或间接成本）是经常性费用。它们包括人员费用（薪金和福利）、行政费用、硬件维护和软件运营成本、培训和提高思想认识等。

以下段落描述了这些费用，表13对这些费用做了简要总结。

表13　识别、注册和追溯系统的成本项目

**资金成本或固定资产成本**

- 录入设备
- IT和通信硬件
- 软件
- 交通工具

**经营成本**

可变成本
直接材料成本：

- 识别装置和涂抹器
- 印刷材料

固定成本

- 员工费用
- 核心硬件和数据库管理成本
- 软件运营成本
- 办公费用
- 培训和提高思想认识
- 折旧和利息

### （1）资本成本或固定资产成本。

a.读取设备。取决于所选择的识别装置，可能需要购买RFID或条形码读取器。前者比后者要贵得多。管理人员、服务提供者或畜牧公共服务部门根据实施方案进行读取。这个决定对于购买的读取器数量和谁来支付他们的费用，有直接的影响。

b.IT和通信硬件。这些物品包括中央服务器、计算机、打印机、电信硬件（路由器、调制解调器等）、投影仪和全球定位系统（GPS）。

c.软件。由于开发或购买的软件将被长时间使用，与其开发相关的所有成本通常被认为是资本成本。

d.车辆及配件。这是指进行实地考察所需的车辆和配件。数量取决于系统的范围、执行组织的规模及其覆盖的区域（靠近饲养员）以及场所的地域差异。

上面列出的一些设备，如计算机、打印机、读卡器、服务器、调制解调器、GPS等对于核心人员和参与系统实施的所有执行者（例如生产者协会）和遵照执行人员（例如警务人员）至关重要。

**（2）经营成本。**

①可变成本。

a.识别装置和涂抹器。识别装置的选择很重要，有不同质量和价格的大量产品可供选择。该决定应考虑到识别、物种和生产系统类型的主要目标。所需的标识符数量取决于范围（部分或整体人口）、规则（例如简单或双重标记）以及影响损失率的环境挑战。重新识别动物的成本往往被低估。如果重新识别涉及使用新的ID代码，则成本最低。如果规则要求使用相同的ID代码进行重新识别，则成本要高得多。在动物死亡或屠宰后，还必须考虑涂抹器、文件、标识符的运输费用以及收集和销毁标识符的费用。例如，如果使用腔内注射，屠宰场可能需要调整屠宰线设备来取出大丸药，并避免损坏内脏研磨机。

b.印刷材料。无论系统如何，都需要印刷一些官方文件来保证动物的交易、所有权和动物识别。运送此类文件的费用也将被考虑。

c.直接人工成本。这包括识别和注册畜舍、饲养员（畜主）和动物以及报告动物迁移所涉及的劳工成本。根据所采用的实施方案，饲养员、服务提供商或现场技术人员执行这些任务并传送所得到的数据。这又反过来影响服务的整体成本，这可能会得到补贴，完全由服务提供商收取或政府支付。即使在公共场所技术人员执行这些活动的情况下，成本也应被视为直接人力成本，而不是根据人工成本分类的固定成本，因为这将提供有关涉及的直接人工成本的指示。

②固定成本。

a.员工成本。动物识别、注册和追溯系统应具有由管理系统的永久性中央单位以及能执行和监测的现场技术人员组成的功能组织结构。征聘、转让和部署必要的工作人员是建立这种结构的关键。战略计划应该提供职位描述的指定命令、合同期限、资金和人员更新。员工结构可能包括以下简介：

国家方案协调员或主任负责管理永久技术机构。这个人可能是兽医或畜牧科学家。该机构将包括系统开发人员、助理人员和行政干事。

系统开发人员通过开发新功能来适应、维护和完善系统。

助理人员必须是掌握农村环境（包括农村生产者）、动物识别注册和追溯系统以及信息技术的熟练技术人员。另外，他们必须平易近人并且有良好的公众形象。在推广好的系统中，可以按照标准的助理人员手册来培训员工，以解决问题。

行政干事，如秘书和会计师，可以根据系统的范围和实施计划招聘。

现场技术人员在现场提供技术支持。一般来说，每个国家都分为多个兽医行政区。如果不是这样的话，根据牲畜数量将国家划分为不同的农业地区，以确保技术人员的全面覆盖。每个地区或区域必须至少有一名技术人员。

审核员或检查员必须有足够人数，每5万只动物至少提供一名检查员。这个数字是基于牛的可追溯性检查报告。如果检查还包括健康和遗传项目，数量则更大。这取决于要审核的项目，因物种而异。

数据录入人员负责现场和中央层面的数据输入和纠错。他们的数量取决于系统设计（数字文档，纸张等）。

在估计管理动物识别、注册和追溯系统所需的人力资源时，需要考虑一些参数，包括人口规模、畜舍（设施）数量和识别方法。附件中提供的模拟研究给出了一个例子。

b.中央硬件和数据库管理成本。相关成本项目可能包括维护中央硬件和通信网络、维护和更新软件、购买软件许可证以及通信和互联网连接成本。当考虑通信成本时，有必要区分基础设施成本（例如光纤）和通信成本（主要是无线通信和互联网连接）。如果实施机构拥有中央硬件（和数据库），则成为资本成本，其折旧额计入固定成本。如果中央硬件托管在执行机构之外，其成本应按年度固定成本计算。

c.行政费用。这里应该考虑所有的办公室运营成本，包括快递、电话、电源和网络连接。如果购买火险或盗窃保险以保护资产，则应视为固定行政费用。

d.培训和提高思想认识费用。提高思想认识的计划，应采用一种使用所有现有信息和传播方式的传播战略，例如手机、互联网、新闻、广播和电视节目、手册、宣传册、海报和视频。在监测、评估和审计方面，提高认识和培训的成本应被视为主要运营成本。

e.折旧和利息。资本成本是以原始资本为基础的折旧费用。如果利息是用于创造资产的借款所致，则应视为固定成本。

行动2：确定动物记录系统其他部件的成本项目

综合动物健康信息系统和生产性能记录系统的建立需要设备（例如计算机、数据存储服务器）方面的额外成本；用于数据记录、检索、处理和展示的软件（网络公告，网络地理信息系统网站等）；互联网连接以及用于数据对接、交换和共享的计算机程序。还必须考虑所有有关人员（兽医处、实验室、屠宰场等）的培训费用。如果要为动物健康信息系统和生产性能记录系统开发特定软件，则这些成本应被视为资本成本。然而，上述费用是针对动物记录的，而不是针对动物健康或生产性能记录提供的各种服务。

开发综合动物记录系统的一个主要挑战，是在系统中的各种数据库之间制定一致的数据交换程序。这意味着大量额外的IT工作，存在足够的IT基础设施，以及可用的快速安全的互联网连接。不应低估系统集成对单一组件的影响。例如，实验室信息管理系统与动物识别和注册系统的整合意味着与样品记录和标签相关的内部实验室程序的变化。这对人员配置和所需的技能有影响。在评估建立综合动物健康信息系统和生产性能记录系统的整体成本时，必须考虑到所有这些间接影响。

行动3：估算各种动物识别、注册和追溯情景的费用

为了协助这些工作，这里总结了三种实施方案及其所产生的成本：

- 具有电子识别功能的完全可追溯性。第一种情况包括为300万头牛的动物识别、注册和追溯系统实施。实施是渐进的，每年在所有新生犊牛6个月大之前进行。用于此模拟的标识符是电子耳标和视觉（塑料）耳标。5年内完成实施，约90%的动物单独确定。这个时期的估计是基于对畜禽演化的研究，它指出在5年内可以实现全部畜禽的识别。插文12讨论了逐步建立动物识别、注册和追溯制度（仅新生幼崽）或全部畜禽的优缺点。
- 视觉识别完全可追溯性。第二种情况类似于第一种情况；主要的变化是用一对视觉塑料耳标代替无条形码的视觉和电子标识符。
- 群体追溯。该系统完全基于对畜舍、饲养员和畜主的识别，以及群体中动物迁移的控制。烙印被用以识别动物。与前两种情况相反，群体追溯可以同时针对整个群体实施。

模拟的主要结果如下。有关所假设的参数和所产生的成本的详细说明，请参见附件。

每个方案中，确定的动物或新生犊牛的平均成本不同，第一种方案为5.30美元，第二种方案为4.90美元，第三种方案为2.90美元（表14）。由于第三种情况不包括个体动物识别，所以每年的成本通常以牛为单位表示。然而，为了确保与其他情况的充分比较，示例中的成本用新生犊牛表示。

表14　在三种情况下注册的每只新生犊牛的平均成本

| 情景 | 新生犊牛识别总计 | 5年总成本（美元） | 每头犊牛平均成本（美元） |
|---|---|---|---|
| 情景1 | 2 873 304 | 15 228 708 | 5.3 |
| 情景2 | 2 873 304 | 14 244 593 | 4.9 |
| 情景3 | 2 873 304 | 8 278 018 | 2.9 |

## 插文12 逐步建立动物识别、注册和追溯系统（新生幼崽）或全体畜禽的优点和缺点

逐步实施

优势：投资分布在一定年限，必备的人力和财力都较低。

缺点：在纳入全体畜禽之前，实行动物识别、注册和追溯系统的好处在初期相当有限（甚至为零）。在某些年份，已经存在的识别系统或实践可能与新系统共存，并可能存在相关的额外管理成本。

一个加快这种进程的方法是，不仅识别和注册动物幼崽，还要识别和注册那些被迁移的动物，除了用于屠宰的动物。但是，这种情况在目前的模拟中不被考虑。

全体畜禽

优势：是一种独特的动物识别、注册和追溯系统，具有组织效率。推广这样一个系统的好处和附加价值是显而易见的。

缺点：必须动员更多的资源，特别是用于初始标记和注册活动。


三种情景中平均成本的变化是由于：

• 使用的识别设备的成本差异。假定一对视觉和电子标签的单位成本为2美元，而一对视觉塑料耳标（无条形码）的成本为1美元。在群体识别的情况下，假定烙印的成本为0.14美元（有关不同识别设备的优缺点的详细信息，请参见第3章）。

• 员工成本差异。当使用视觉塑料耳标时，阅读和数据处理工作将比电子标签需要更多的人工。很难估计所需人工的增加；然而，这种情况估计人工成本增加了30%。在群体可追溯的情况下，与视觉识别系统情景相比，实地工作量所需技术人员（数据录入操作员和现场技术人员）用工增加了约30%。这是因为每个群体迁移都附有文件，必须收集并输入到可追溯系统中。

• 运营成本差异。设备和现场数据收集、传输成本随着视觉耳标识别而上升，这增加了总体运营成本。由于使用塑料标签造成的大部分成本降低被运营成本大幅增加所抵消。迁移和所有权变更的成本与被识别的动物数量成正比，是计算运营成本时最重要的组成部分。在群体可追溯的情况下，对现场设备（例如读取器、互联网和其他设备）的需求大大减少。同样，迁移控制的成本（文档和装运）也会降低，从而，降低了总

体运营成本。

不管选择何种方案，IT系统的要求不会改变（系统应设计、实施并准备好管理完整的数据集）。选择方案应考虑到资源的可用性，以及将现场活动的识别和注册与预先存在的活动（如疫苗接种运动）相结合的可能性。

行动4：探索降低成本的方案

如上所示，动物识别、注册和追溯系统成本高昂。应探索有助于降低成本的任何行动或措施。采取的行动或措施包括：

- 培训家畜饲养人员，对动物进行标记，并向区域或中心办事处填写并提交报名表格，而不是派外地技术人员或服务提供者进行这些活动。通过管理协会或合作社来组织这种培训，可以帮助降低成本。
- 共营设备和服务。生产者团体和协会可以共同获得设备、培训和支持。
- 与具有覆盖全国的公共机构签订协议，例如国家材料运输服务系统（如文件、标识符和设备）。
- 使用现有信息通信技术和网络进行在线数据输入（例如填写文档、动物注册、动物迁移报告、更新数据和纠正错误）。扩大现有系统（例如动物生产性能记录）并将其发展成为国家动物记录系统或其组成部分。
- 尽可能采用降低成本的规则和程序。例如，使用相同的编号重新进行动物识别，需要重新打印丢失的耳标，因此，这种方法比用新的编号标签重新识别更昂贵。

  然而，后一种选择可能会导致欺骗性地交换动物身份。在决定使用哪种方法之前，必须评估这些后果。这也涉及设备质量的问题，极大地影响了丢失率。建议使用ICAR批准的设备。另一个例子涉及屠宰场准入，其中静电读取设备的高成本被读取速度的增益所抵消。
- 推动满足每个国家具体需求的区域系统的发展。在具有相似条件或共同市场的地区、地域或国家集团中，一个区域系统将在达到共同目标的同时降低开发成本。

任务2：确定和评估福利

行动1：确定动物识别、注册和追溯系统的福利

福利可分为初级和次级福利。初级福利包括更好地管理和控制疫病，确保安全和优质的食物。次级福利可以根据四个层次的内容进行分类：市场准入和交易；公共和动物健康风险管理；农业和行业管理；施政。这里列出了各层次的潜在福利。名单应根据国家特殊情况进行调整完成。

**（1）市场准入和交易。**

- 保持目前出口动物和动物产品（如纤维、皮革、皮、肉类、牛奶和乳制品）进入主要市场的资格。动物健康标准和动物产品安全方面的需求日益增加。这不一定意味着价格或销售增加，而是保证现有业务关系的连续性。
- 开辟新市场，并将该地区或国家的动物和动物产品置于更苛刻的市场。
- 提高畜牧业的竞争力，利用区域和区域外的市场，为出口活畜而进行育肥、屠宰和育种。
- 加强国家作为安全动物源食品和其他产品生产者的形象。

**（2）食品安全。**

- 确保更好地控制影响动物源食物安全的生物、化学或物理事件。
- 通过认证动物产品的来源，增加消费者的信心。
- 协助确定食物污染的原因，并降低进一步传播的可能性。
- 实现对消费者投诉或顾虑的快速反应。

**（3）动物健康。**

- 提高程序的效率来管理地方性疫病、国外流入疫病和新兴疫病的暴发。
- 提高卫生计划和方案、监测、疫苗接种方案、早期反应、通知系统、检查、认证、分区和区域化的效率。
- 提高兽医现场活动的效率。例如，当动物在装有静态ID阅读器的通道迁移时，使用电子识别能够在大羊群中快速注册采集动物的ID码。
- 确保动物、农场、地区或区域的卫生状况。

**（4）行业。**

- 提升品牌形象和价值。
- 改善对动物屠宰或动物产品（如牛奶）的购买和供应的管理。

**（5）农场。**

- 提高农场管理和竞争力（育种、畜牧业指标、饲养等）。
- 减少牲畜的盗窃。

**（6）施政。**

- 连续提供最新的关于该部分（统计）的动态和有特色的统计信息。
- 促进该部门公共政策的制定，支持规划、监督和决策。
- 协助部门组织畜舍管理、畜禽统计、动物迁移、动物运输等。
- 加强畜禽走私和盗窃的管理。

在所有情况下，有必要询问福利是否直接来源于动物识别、注册和追溯系统。

单独处理的福利可以量化，例如，能够使饲养员提高他（她）的畜禽的生产力，饲养出基因优良的动物或一群动物来占领新的市场，但是福利在被集体处理时变得更难量化，例如导致更好的动物健康状况，减少盗窃。在后一种情况下，福利的量化需要收集详细的信息和专门知识来分析，这可能比较困难。为了克服这个问题，可以对这些福利进行定性评估（表15）。

表15 按影响进行利益分类

| 直接或潜在利益 | 制作人 | 系统 | 社会 |
|---|---|---|---|
| **风险** | | | |
| 动物健康管理 | +++^ | +++^ | + |
| 良好的实践激励 | +++^ | +++^ | + |
| 声誉 | +>++^ | +>++^ | — |
| 市场 | +++^ | +++^ | + |
| 食品安全（人类健康） | — | — | +++ |
| **供应链** | | | |
| 信息质量 | +++ | +++ | — |
| 更好的可操作性 | ++ | ++ | — |
| 物流与库存管理 | + | ++ | — |
| 协调供应 | + | ++ | — |
| **市场完善** | | | |
| 个体屠宰信息 | +++ | ++ | — |
| 可用动物信息 | + | ++ | — |
| 质量检验 | +^ | ++^ | + |
| 实时结果 | + | ++ | — |
| 所有权验证 | ++ | + | — |
| 沟通性 | +^ | +^ | — |
| 可靠性 | +^ | ++^ | + |
| **政府** | | | |
| 国家制度 | +^ | ++^ | +++ |
| 官方系统的可持续性 | +>++ | +>++ | — |
| 协同合作完成任务 | ++ | ++ | + |

注：— = 微不足道；+ = 小；+ + = 中等；+ + + = 大；+>++= 与未来的可能性；^= 如果出口市场存在。
资料来源：改编自 Hobbs 等人，2007。

行动2：确定动物记录系统的其他组成部分的福利

综合动物健康信息系统的建立可以通过在需要的地方提供识别和健康信息，例如在实验室的动物样品注册、疫苗接种做法或颁发证书，提高兽医活动的效率。

生产性能记录系统提供信息给它的用户。该信息的价值可以通过其为用户提供的福利来衡量（参见第6章，表2）。生产者利用这些信息对动物进行日常管理，例如设计适当的喂养策略，采取预防性保健措施，采取淘汰决策和准备交配策略，这些都有助于提高动物的生产力，降低农场经营成本，从而增加利润。

服务提供商聘请现场技术人员向生产者提供服务，并让监事和管理人员监督其活动。生产性能记录系统向现场技术人员、监督人员和经理提供信息。现场技术人员可以收到有关其客户和动物生产性能的在线信息。这不仅可以帮助他们为生产者提供更好的服务，还可以帮助他们扩大服务范围。监督人员和经理了解现场技术人员的工作进度，并协助他们制定适当的能力建设战略。总之，这有助于服务提供商为生产者提供有效的服务。同样，育种公司也获得了公牛的育种价值，从而帮助他们选择正确的精液定价策略，从而提高利润。

因此，综合生产性能记录系统可帮助许多利益相关方提高其业务效率并增加收入。业务效益和利润的总体提升导致部门扩张，创造更多的就业机会。

任务3：评估成本效益关系

理想情况下，成本效益关系应使用经济方法进行分析和评估（如利润或投资回报）。然而，正如任务2和行动1所阐述的，这是不可能的，因为效益定量评估的固有困难。因此，根据行动水平和目标，动物记录系统不仅需要在正式的经济指标方面进行评估，而且还考虑到隐形产出，如影响公共和动物健康的附加标准。符合这些标准的权重将需要加以讨论和商定。

需要记住以下几点：

- 系统用户数越多，成本效益关系就越好。最大限度地增加多用途动物记录系统的用户数量是比较好的选择。
- 使用最先进技术的复杂系统，可能没有比使用旧的、成熟技术的简单系统，能得到更好的成本效益关系。系统的设计应由客观和需求驱动，而不是技术。据说，使用先进技术的系统可以提供旧技术无法实现的好处。
- 成本效益关系的评估可以支持与不同利益相关方就如何分摊系统成本进行谈判（一般来讲，受益最多的人，其贡献应该也最大）。

任务4：确定可持续发展的要求

系统的可持续性取决于所有利益相关者公平分配成本。成本可以很容易地应用于动物饲养者，例如，通过识别装置的分配申请费用。然而，对价值链（例如市场或屠宰场）中的其他利益相关者，或希望访问数据而不对系统（例如食品加工商和零售商）做出贡献的利益相关者，申请费用更为困难。开发不同方案是非常重要的，以便就公共和私人捐款的机制达成共识，为系统提供财务可持续性。各方分摊费用的一些建议如下：

- 政府承担的费用：
  - 系统管理；
  - 组织结构和人员配置；
  - 官方文件；
  - 检查和审核；
  - 软件和数据库，托管；
  - 实施活动。
- 生产者和其他行为者所分摊的成本：
  - 身份标识；
  - 设备；
  - 收集迁移数据；
  - 劳工。
- 共享成本：
  - 通过官方办公室、生产者协会以及其他公共和私人机构响应客户需求；
  - 分发文件，ID设备，通知和重新识别。

立法应明确各利益相关方（政府和受益人）之间如何分摊动物记录费用。国家也可能对动物记录服务征收使用费。

用户应该意识到可持续性不仅仅取决于财务资源，也取决于这些准则中涉及的其他因素，包括：

- 制定具体立法，除其他外，澄清系统的融资，以避免今后出现下落不明的成本（详见第10章）；
- 制订培训计划，指导参与实施系统的行为者；
- 开发多用途系统，实现最大限度地利用，使几类用户分摊成本；
- 使用最新的平台，以保证良好互动界面的可持续利用，并避免不必要的复杂情况。

# 10 制定法律框架

## 10.1 介绍

建立动物记录系统必须先有强大的法律基石。本章旨在说明制定此法律框架时应着重考虑的各项因素，不仅要审视与之相关的更广泛的法律领域，还应考虑关键的政策性问题以及任何可能需要通过立法使该系统有效运行的机制。该法律框架必须适应本国的国情，要综合考虑该国的法律传统，原有的相关立法，实践和运行动物记录系统的能力以及任何已见诸行动的实践活动等各种因素。

## 10.2 目标

本章旨在向读者概述为动物记录系统制定法律框架时必须考虑的关键步骤和可能遇到的各种问题，同时强调在实施此类系统时制定各项政策和法规的重要性。

## 10.3 制定法律框架的任务和行动

我们需要采取以下几项行动来制定法律框架：
- 确定动物记录系统的目标和范围；
- 考虑所有相关的国际框架；
- 确定现有国家监管框架内的所有相关领域；
- 确定适用于该系统的国内法律框架；
- 制定适当的立法。

任务1：确定动物记录系统的目标和范围

行动1：确定预期目标

通过本准则的第1、3、4、5、6章的详细论证，我们知道动物记录系统蕴含巨大的潜在用途与益处。实施动物记录系统的各种理由，这里称为"监管目标"，可能会影响所需法律框架的形式和内容。在为动物记录立法时，应考虑系统的监管目标，因为这会决定实施的动物记录系统的类型。它反过来也会对制定支撑性法律框架所需的范围和要素产生影响。

动物记录系统提供的动物健康信息，通常是通过对那些被持续监测和控制的动物个体和相关持有人的强制识别和注册得来的。只有如此才能实施有效的控制措施，防止动物疫病的传播。强烈建议从特定地区或物种开始逐步实施强制性动物记录制度，以降低对畜主的早期影响。或者也可以存在一个过渡期，在此期间政府应采取各种支持手段，让动物记录从强制逐渐发展为自愿行为。

如果动物记录法律框架的主要监管目标是动物追溯，那么动物识别和注册将会是至关重要的一环。这需要记录所有移动数据和过去输入的数据。这样一个系统还要通过立法得到监督、检查和执法措施的全面支持。

由于实施记录系统是自愿行为，必须本着自愿原则或最佳实践原则来规定适用于身份识别、生产性能记录和战略育种的方法，而不应该强制立法。

行动2：确定所需的范围

除了主要的监管目标外，系统的预期也要纳入考虑范围，因为它将作为后续起草立法的基础。根据国家需求和优先事项，动物记录系统或者适用于所有物种，或者仅适用于那些进行国际贸易的物种。此外，该系统可以在全国范围内实施，也可能仅在有限的地区内应用。其适用范围依国情和实力而行。如果主要目标是保护遗传多样性或国际贸易，则该系统可能只是自愿的，或者扩展到某些特定物种或品种。

无论如何，良好的监管框架应与国家政策保持一致，与此同时，还要确保新动物物种、地理区域或动物记录组成部分（即动物可追溯性，动物健康信息或生产性能记录）都纳入动物记录系统中来。

任务2：考虑相关的国际框架

在制定国家动物记录系统的法律框架时，应将国际组织和国际法纳入到考虑范畴。因为这些框架将在协调国家制度和促进国际贸易方面发挥关键作用。

（1）**世界贸易组织**（WTO）。在国际贸易保护的背景下，WTO成员签署的《卫生和植物检疫措施协定》（SPS协定），旨在防止成员之间施加不合理的贸易壁垒，特别是在保护食品、动植物卫生措施方面。SPS协定允许进口国实施必要的卫生措施，以保护人类、植物或动物免受与进口商品有关的有害生物的危害。然而，这些措施不能比实现预期目标（即保护人类和动物健康）所必需的更严格，而且必须得到科学风险评估的充分支持[1]。

因此，在实施动物记录立法时，除非国家当局另有规定，否则不必太严格。实现这一目标的一种途径是进口国采用国际参考标准，比如OIE《陆生动物卫生法典》（以下简称《法典》），这些标准在本准则第1章中有所描述[2]。根据《法典》制定的国家动物识别和追溯系统，被认为是必要的贸易卫生壁垒的组成部分[3]。因此，在制定有关强制建议法例时，参考《法典》。该《法典》包括关于动物识别和追溯系统设计及实施的一般原则和建议（见插文13）。

> **插文13　为实现动物追溯而设计和实施的识别系统的OIE标准**
>
> OIE《陆生动物卫生法典》第4.2.3节。
> 动物记录系统关于动物追溯的开发应考虑到以下几点：
> - 期望的结果和范围；
> - 兽医机关和其他各方的义务；
> - 组织安排，包括用于动物识别和追溯的技术和方法的选择；
> - 管理动物迁移；
> - 数据保密；
> - 数据可访问性；
> - 核对、证明、检验和处罚；
> - 资金机制（如有）；
> - 支持试点项目的安排（如有）。
>
> 来源：OIE，2012：4.2章节。

（2）**其他国际动物鉴定和追溯标准**。除了OIE制定的守则和标准外，制定动物识别系统时还应考虑其他一些标准。ICAR标准虽然不作为WTO的SPS协

---

① 见世界贸易组织《卫生和植物检疫措施协定》（SPS协定）第2条。

② 见www.oie.int/about-us/our-missions/

③ OIE标准在《卫生和植物检疫措施协定》中被具体提及为国际参考标准。《技术性贸易壁垒协定》（TBT协定）不是这样，广义地将其称为"相关国际标准"。然而，世界贸易组织上诉机构在"沙丁鱼案"（争议DS231）中，将食品法典标准认定为TBT协定第2.4条规定的"相关国际标准"。

定的参考标准，但仍被牲畜饲养员广泛应用，以促进全球动物记录系统的协调统一，从而有助于推动动物和动物产品的国际贸易。因此，在开发国家动物记录系统时，建议参考ICAR标准。

任务3：确定现有国家监管框架的所有相关领域

在实施动物记录立法之前，有必要对现行法律制度进行全面评估，包括所有相关立法、宪法规定以及一般行政和体制结构。识别所有与现行立法有重叠或冲突的地方，将实现一个信息充分的立法起草过程。现有的管理框架可能需要修改或更新。这个实践的结果将导致与现有的监管框架接轨有效的动物记录立法的出现。

行动1：确定立法权在国内的地位

制定立法之前的第一步是了解该国的立法或规则制定能力，因为这将严重影响任一动物记录立法的范围。在某些情况下，下级分管部门享有动物生产和动物健康方面的立法权。[1] 在这种情况下，最好将追溯系统纳入中央政府的管辖之下，再来制定关于全球健康保护和协调贸易的标准方面的立法。对这些事项的立法在中央层面达成一致，才能确保动物识别和追溯系统在全国范围内保持一致，进而优化其效能。

行动2：进行立法评估和差距分析

我们应当进行立法评估来辨别可能影响动物记录系统的所有现行立法，或需要修改以便实施动物记录系统的现行立法（见插文14）。一经识别，就应该对这些立法进行"差距分析"，以确定现有制度中存在的任何差距、缺点或重复区域。任何重复规定或义务都有可能引起混乱，从而增加相关政府机构的行政负担。在现阶段，"世界动物卫生法"可被用作评估国家法律框架的结构完整性的关键要素的清单。将国际贸易协定等国际或双边层面应承担的全部责任都纳入到考虑范围也是很重要的。这些制约条件会限制政府在实施新立法时的方案选择。分析法律框架还可以揭示实施动物记录系统的现有法律依据，例如，一般的动物健康或疾病立法。

⊙ **插文14　当实施动物识别和追溯系统时可能需要考虑或修改的重点监管领域**

动物生产、健康和生物安全立法。要考虑的立法领域包括动物健康、动物福利、消灭疫病和药物管理计划、农场登记、动物运输和畜舍以及关于可持续畜牧生产的规定等。引入动物记录系统，将有助于处理一系列生

---

[1]　例如，在印度，有关农业事宜立法的权力完全在于国家立法机关（印度宪法，附表7第246条）。

物安保的立法问题，包括控制外来入侵物种，防止疫病蔓延的检疫措施和类似立法。

牲畜的运输。由于动物记录系统需要对全国的所有动物运动施加更严格的录入要求，所以会影响现行的管制牲畜迁移的立法，并且延伸到管理动物和动物遗传物质（精液和胚胎）进出口的立法。

屠宰场和市场控制。对屠宰场、市场和其他畜牧业集聚区进行管制的立法将与动物记录系统紧密相连。后者的实施需要畜牧集合点的操作员们施加更严格的记录保存措施和报告措施。

销售和分配动物产品。在国际上，动物产品销售和分配的一个重点需求是对其原产地的追溯能力。因此，引入动物记录系统会对动物产品销售和分配的管理制度产生极大影响。

食品安全和消费者保护。食品安全和消费者保护是食品生产的一个重要方面，需要从农场到餐桌的追溯系统。因此，动物记录系统与所有食品安全法规紧密结合才能发挥不可或缺的作用。

行动3：评估现行立法的实际应用情况，并收集不同利益相关者的资料

强烈建议评估现行法律文书的内容及其实践情况。如果国内已经存在动物识别的法律条文，却得不到有效实行，必须调查其原因。

从评估的早期阶段开始，利益相关方，特别是牲畜饲养者，应参与协调和起草过程的所有阶段。从饲养员手里收集关于现行法律的实际影响的主要资料，可以更好地了解现有的缺点及监管需要。利益相关者的参与将有助于立法与实际国情相结合，促进建立共识，推动后期执法。这种方法也将有助于对拟议的新立法进行初步的影响评估。

任务4：确定动物记录系统所需的国家法律框架

行动1：确定可用能力

在起草动物记录制度的法律框架之前，有必要确定该国是否具有足够的财政和行政能力来实施、监控和推行强制性系统，以及动物饲养者是否有足够的经济能力遵守。在某些情况下，自愿系统可能比一个监督不力和强制执行的系统更有效。

行动2：确定适当的法律结构

有必要对引入强制性动物记录进行立法，但也要与使用自愿性动物记录协调一致。例如，立法可以协调动物识别方法或迁移跟踪与记录方法。任何关于动物记录系统的法律草案都应与国家法律框架相兼容，包括宪法规定、现行

立法、该系统的政策目标和国家执行能力。

实施有效的动物记录系统所需的立法形式，与有关国家的现行法律框架和立法做法有差别，包括其法律制度是基于普通法、民法、宗教法还是其他法律体系。

有时候，创建新的一级立法可能是最合适的选择，特别是如果法律旨在修改以前的一级立法，并为现有机构增加新的职能或创建一个具有法定职权的新机构，包括在国家法律制度中引进税收、侵权、制裁或依法治理的其他事项。然后次级立法可用于规定特定物种的识别方法，并对技术进步的任何技术细节进行修改或更新。插文15总结了一级立法和次级立法之间的主要差异。

或者，动物记录可以在一般动物健康或兽医立法中找到法律依据。然后可以通过次级立法来使该制度的具体细节生效。无论选择哪种方式，重要的是，具体细节（如动物识别和注册部分中使用的认可方法）应以易于修改的形式存在，从而允许在技术进步的情况下进行修改。在实践中，最合适的立法方式将取决于适用的国家法律制度和已经存在的任何立法范围。

### 🠂 插文15　一级立法和次级立法之间的差异

一级立法由政府立法机关通过，通常称为议会或国民议会[①]。它具有仅次于国家宪法的最高法律效力。

次级立法由政府行政部门依照一级立法授予的权力通过。任何二级立法的范围都不得超过相应的一级立法规定的限度。次级立法通常用于扩大一级立法中列明的一般原则，并列出法律框架的技术或详细方面，例如核准的动物识别方法。在大多数情况下，次级立法比第一级立法修正起来更容易、更快，并被用作引入新标准或技术要求的一种方法。

法律文书的选择也受国家政府形式的影响。中央政府做出决定，省、州或地区政府必须贯彻执行。相反地，根据国家的宪法，非中央集权的地区或分散的领土，在法律规定的范围内有做出自己的决定的权力。在非中央集权或联邦政府系统内实施动物记录系统时，可能会面临额外的挑战。在这方面，需要考虑的问题是中央政府和州与下级单位之间的权力分配。在这样一个政府体系中，重要的是要找到一个可以实现动物记录系统协调一致的平衡，同时尊重每个行政部门的半自治属性。关于动物健康控制和动物生产的权力分配可能对动

---

① 在一些国家，宪法赋予国家行政部门在特定地区和特定条件下实施一级立法的权力。

物记录系统的设计和实施产生重大影响；具体来说，关于动物健康和生产事宜的立法权是由中央政府还是由州政府拥有。

在地方各级有权力立法并实施的情况下，动物记录系统要遵循中央政府制定的某些最低标准才能达到协调一致。为了增强遵循法律的可能性，地方权力机构可以深度参与制定这些标准，并保留颁布比中央政府更严格的法规的酌情权。

### ➡ 插文 16　动物记录立法和立法传统

在属于大陆法系的阿根廷，关于动物记录方面的法规主要包含在国际食品安全公约草案公布的高位立法之中[①]。西班牙的牲畜识别和可追溯性方面的法规，也适用于大陆法系，是由农业、渔业、食品部和卫生部的一系列高位立法来规定（通常以皇家法令的形式）[②]。

在英国，识别和追溯制度是通过1981年《动物卫生法》授权颁布的次级立法实施的[③]。欧盟关于牛的识别和追溯的规则通常载于欧盟条例，适用于所有成员国[④]。但是，猪和家禽的识别和追溯规则并不在欧盟指令内，所以成员国在欧盟立法之前必须使用国家立法[⑤]。

插文17阐释了与牲畜生产和健康有关的事项（包括动物记录系统）在实践中应如何划分权利和责任。一个国家不管选择哪种模式，首先要确保立法具有足够的灵活性，鉴于识别和追溯方法领域的技术进步，以便能够随时修改立法。为了实现这一点，可以在易于修改的附件中列出批准的识别装置和相关的技术要求，如耳标的构造和组成。

---

[①] 阿根廷的牲畜识别是根据物种特性进行管理的。例如，牛的识别和注册由加利福尼亚州波西诺国家评估委员会来管理。

[②] 规范西班牙牲畜识别和追溯系统的一级立法包括：9月18日，建立识别和注册制度的法令（1980/1998号）正式建立；7月29日，第947/2005号《鹿特丹公约》确立了绵羊和山羊的识别和注册制度；3月26日，"479/2004号"法令建立并规定国家畜禽控制数据库（REGA）。

[③] 即《2007年牛识别条例》《2009年羊和山羊（记录、识别和迁移）英格兰令》和《2011年猪（记录、识别和迁移）令》。

[④] 例如，欧洲议会和理事会第1760/2000号条例（EC），"建立牛科动物的识别和登记制度，讨论牛肉制品的标签问题，并废除了第820/97号委员会条例（EC）"。

[⑤] 关于猪的识别和注册的理事会指令2008/71/EC和2005年12月20日理事会关于共同体控制禽流感的措施的指令2005/94/EC以及92/40/EEC指令的废除。

## ➡ 插文 17　动物记录立法的不同选择

大多数情况下，最适合的结构因国别而异。例如，美国通过联邦立法来建立动物记录系统，并对所有在州际间迁移的动物实施了强制性的识别和追溯要求[①]。该联邦系统不包括动物在一个州或部落内的迁移。州和部落可以自由地管理其领土内的动物迁移，可以选择实施比在联邦一级实施的动物记录系统更为严格的系统。负责联邦一级实施和管理动物记录的主管当局是动植物卫生检验局（APHIS），该局隶属美国农业部（USDA）。为了在每个行政部门（州和部落）内成功实施这些系统，APHIS 必须与国家和部落动物卫生部门密切合作。

根据印度宪法规定，畜牧和农业是印度各邦的问题[②]。因此，中央政府对畜禽健康或生产条例的控制力是有限的。负责牲畜健康、生产事宜（包括身份识别和记录）的联邦当局是农业部下属的畜牧兽医部。联邦政府起到协调事宜的作用，并向国家当局提供咨询和协助。大多数邦都有一个负责动物健康和生产事务的农牧业部。

任务 5：制定合适的立法

动物记录立法的关键要素

虽然立法的格式和结构因国家情况而有很大差异，但本章的剩余部分还是列举了动物记录立法中一些常见的关键组成部分。这份清单并不是什么规定，而是用来支持制定国家立法的指南。这类立法的具体规定是根据国家立法实践、预期目标和动物记录系统建立的立法类型而不同。尽管如此，为了实现协调一致的国家方针，确定关键参与者，确定具体作用，制定清晰明确的立法对于系统的运行至关重要的。

（1）**目标**。动物记录系统的"监管目标"是系统建立的主要原因。在实施动物记录立法之前，各国政府必须明确他们的监管目标。

动物记录立法的监管目标应当是清晰明确的，应当是支持有关人类健康或经济发展的更广泛的国家战略和政策。动物记录系统的目标要像欧盟法规一样明确说明。在其他法律制度中，如果目标没有明确说明，则可以通过立法的标题或其所涉及的主题来暗示。除非违反国家立法，否则，强烈建议立法明确规定这一目标。

（2）**范围**。立法范围是指适用其调整的人、行为或活动。在调整动物记

---

① 有关更多信息，请访问 www.aphis.usda.gov/traceability/。

② 印度宪法，附表 7。

录系统时，各国可能希望在法律适用范围内确定相应的地理区域或行政区划、所覆盖的物种以及受影响的经营者。这在实践中可能会有很大差异。例如，只有特定种类的牲畜在一个国家的行政边界内迁移才可能需要动物记录。因此，立法范围和动物记录系统的任何豁免，都需要以清楚而精确的语言详细说明，从而避免不确定性的风险，这一点至关重要。例如，豁免可能适用于只供个人消费而饲养或生产动物的人。如果是这种情况，应在立法文本中明确说明。

为了尽量减少对生产者的初步影响，政府不妨逐渐引入动物记录系统。这可以通过多种方式实现，包括：

- 规定动物记录系统仅适用于在特定日期之后出生的动物；
- 规定动物记录要求仅适用于在农场或场所之间迁移的动物；
- 在立法中规定执行系统各个组成部分的时间框架，包括畜舍登记和数据库，以及主管当局内部任务的协调和分配；
- 实施一个自愿的动物记录系统，它将在明确规定的日期和相关的特定地区或环境中发展成强制性系统，例如，立法可规定动物的追溯性一般是自愿的，但是对用于出口的动物或动物的饲养是强制性的。

（3）**定义**。为了确保一致性并避免歧义，立法必须明确界定所有关键术语和短语，并使其一致。这些包括，但不限于以下内容：动物、识别装置、保持、建立、畜主、饲养员、追溯、主管当局。虽然定义绝对不是通用的，术语可能在不同的国家有不同的用法，但在OIE陆地动物健康代码词汇表中可以找到一般性规定。国家也可能从感兴趣的目标市场中的其他国家和地区的现有动物记录立法中获得灵感。

（4）**制度结构**。为建立国家动物记录系统，政府将需要指定一个或多个负责实施、调整和管理与动物记录有关活动的实体，包括协调中央和地方层面的涉及系统的潜在实体。在设计制度框架和任命负责任的国家当局时，各国政府应考虑：①系统的主要目的；②国内行政和宪法权力划分。

关于该系统的主要目的，侧重于健康利益的动物记录系统可能需要考虑到具有卫生相关授权的所有机构的作用和职责。这些系统可以即时或逐步地扩展到同一物种的所有个体或不同物种，因此需要在负责农场登记、营销、屠宰场和动物迁移控制的区域或地方当局之间进行有力的协调。旨在促进动物追溯或生产性能记录的动物记录系统，通常涉及负责畜牧业生产的政府机构。

关于行政权力和宪法权力分配，重要的是考虑权力下放问题，以及在分权制或联邦制国家管理动物记录系统的责任分配问题。实际上，集权式和分权式政府机构、联邦和州级政府之间的权力平衡将在特定的基础上决定，并在本章前面更详细地讨论。

无论如何，动物记录法应当确定在建立和实施该体系方面发挥作用的权力机关，并明确指定其权力和职责，以及促进一致性的任何协调机制。主要机关应当包括：

- 国家兽医局（主管当局）。如上所述，管理动物记录系统的最合适的政府机构可能取决于系统的监管目标和国家的行政结构。
- 执法机关。在任何规定义务或责任的法律框架中，必须确保充分的监督和执行。在动物记录系统的情况下，这些职能通常由主管机关的雇员执行，或者在政府监督下外包给第三方。
- 畜主、饲养人员或负责人。在许多司法管辖区，立法区分了牲畜的"畜主"和"饲养者"。"畜主"是指动物的合法所有人，而"饲养者"是指对家畜日常管理负责的自然人或法人。虽然责任和责任分担在国家之间可能有所不同，但至关重要的是，至少有一方负责确保在法律认为必要的情况下，识别和注册动物、保管登记表、报告信息，确保当局获得这些信息来进行检查，并按照官方要求和所有必要的文件进行动物迁移。
- 生产和采购识别工具的企业。建议对这些参与者进行登记，以促进识别装置生产中的协调统一和质量保证。如第3章所述，使用一致的识别装置及其提供的信息对于实现全国性统一至关重要。标识符也必须符合国家主管部门制定的严格标准。为了确保符合这些标准，立法可以要求生产和采购识别工具的企业必须在中央数据库中进行登记。

（5）**责任分配**。根据OIE《陆生动物卫生法典》的证实，立法应明确界定建立安全动物记录系统的参与者所承担的义务，以便在发生疫情时实现动物追溯和精确的疫病跟踪。[①]一些参与者，如屠宰场经营者，可以颁布单行法来处理，这取决于国内立法的形式。在这种情况下，动物记录系统的实施可能需要修改。

（6）**识别方法**。动物记录立法中明确规定动物识别方法至关重要，这些准则已在第3章中详细讨论。无论采用何种方法，必须在法律文书中明确规定所需的标识符和识别方法，以便在必要时允许有足够的灵活性进行更改。在许多国家，这一要求是在次级立法中规定的，这比一级立法更容易修改。

（7）**记录保存、注册和数据库**。保存适当的登记册，通报相关信息，对

---

① OIE，《陆生动物卫生法典》（第21版，2012年），第4.2.3条第6款。

于动物记录系统的运作至关重要，此部分在本准则第3章中有详细阐述。为了支持记录和储存这些数据，动物记录立法应：

- 清楚地识别要创建的每个注册表，并明确其中包含的信息；
- 识别每个维护注册簿的人员，并规定其职责范围和权限；
- 规定记录保存要求，包括存储记录的最短时长；
- 规定记录者有义务根据要求与相关部门分享此信息。

（8）**动物运动管理及其他事件**。如果动物记录系统旨在确保动物的可追溯性，则立法应明确规定：

- 接受动物迁移的手续；
- 向有关当局提交每一次动物迁移信息；
- 规定负责提交迁移通知的人员；
- 规定提交迁移通知的期限。

（9）**监督和检查**。为有效起见，动物记录系统务必有足够监督和检查规定的立法支持。倘若动物记录系统旨在提供动物健康信息和促进食品安全，那么这些规定应要求定期和突击检查，以确定是否保存了有效的记录，以及所有动物是否得到正确识别和记录。

旨在实现有效监测的立法，通常为检查人员授予一系列权力，包括授权：

- 进入和检查设施；
- 处理和标记动物；
- 访问任何适当的记录（书面或电子的）；
- 复制任何记录；
- 获取被认为需要调查的物品。

实际上，行使这些权力可能会影响到一些基本权利，例如个人财产权。因此，政府必须确定在一级立法下行使这一权力，并明确规定这些权力的范围和限制。已将这些权力纳入动物卫生一级立法的国家，可能不需要将其纳入动物记录立法。

负责进行监测和检查的机构可能因国家而异。在联邦国家，各州或地方当局可以执行这一职能。实际上，行使这种权力将要求检查员提交主管当局批准的有效文件[①]。

---

① 大不列颠及北爱尔兰联合王国的检查员具有类似的权力范围，其行使方式取决于是否提供合适的文件（《牛鉴定条例》2007年第4部分）。

## ➲ 插文18 传统追溯模式和游牧牧民

在中亚和非洲，牲畜在新牧场频繁的非常规的迁移是非常普遍的。这种畜牧业经营方式突破了传统追溯模式的局限性，尤其是关于动物迁移的通知。在这种情况下，立法可以改为要求畜牧主在迁移之前向当局通报其迁移路线和所需迁移时间。

在这种大环境下，规定由谁来负责动物识别、动物迁移以及其他事件的通报就显得特别重要。一般情况下，很难联系到动物饲养员，也就不能要求他们来负责。实际上，可能让农场主和地方当局联合负责才更合适。

（10）**资金**。政府可以通过立法来确保为动物记录系统提供合适的资金。政府通常决定动物记录系统的运行费用是部分由国家承担的还是全部由管理人承担。如果提供财务支持机制（见第9章，任务4），则有必要在立法中概述其机制。

（11）**信息保密**。动物记录系统在实施和操作过程中，需要提交一些敏感信息，例如个人联系方式、动物在农场的详细资料以及动物迁移记录。这些可能成为创建动物记录系统的阻力。为了尽量减少这种阻力，保护各方利益，各国政府必须制定相关法规，确保敏感信息和有效数据得到相应的保护。基于所提供信息的性质，这些法规要比先前的数据保护措施更加严格。

（12）**执法**。为保障动物记录系统的有效性，政府要确保法规拥有充足的配套执法程序，检察人员能够有效执法。制定执法制度时，应采取以下步骤。

确定所有违规行为。第一步是决定哪些行为或疏忽构成违规行为。所有违法行为必须在违规列表中明确确定并在法律中予以涵盖。可能的违法行为包括未能正确识别和注册动物，未在规定的时间内提交动物活动的通知，以及未注册动物饲养的场所。关键行为者，包括生产者和市场所有者，或代表主管当局行事的人员可能会犯下违规行为。

列表中的每一项违规行为必须归为行政或刑事性质[①]。实际上，这取决于特定违规行为的严重性和潜在后果。将违法行为定为刑事犯罪行为可能是最大的威慑。但是，如果违法行为属于行政性质，那么宣告作为违法行为或不作为的权力通常由适当的机构而不是国家司法机构负责。从实际的角度来看，这可能更容易、更快捷、更具成本效益。行政违法行为也将要求较低的证据标准，因此将更容易和更快地执行。相比之下，犯罪行为需要更高的证据标准，可能难以执行刑事制裁。

---

① 犯罪行为是违法的。

确定适当的处罚。一旦确定了违法行为的性质，就必须在法律规定的严重程度上确定适当的处罚。这可能包括发放罚款，实施阻止动物进入或退出特定机构的迁移限制，或旨在限制生产者经营权的其他措施。惩罚必须能够有限阻止违法行为，但不要太严厉，以至于与罪行规模不匹配。随着时间的推移，动物录像立法中规定的罚款的威慑作用可能会因通货膨胀而下降。可能采取一些步骤来解决这个问题：

- 必要时，包括使这些惩罚得到更新的机制；
- 必要时，允许动物记录立法中的惩罚乘以一定倍数，同时要考虑到通货膨胀或其他相关因素；
- 不要在立法中明确规定罚款，但要提供针对特定罪行的量刑可能会下降的范围。这将允许负责当局行使其自由裁量权，要考虑到犯罪的严重性和其他因素，如通货膨胀；
- 使用创新解决方案，例如将罚款的大小与非货币指标相联系，如准确的生活成本指数。

指定所有相关程序。一旦对违规行为进行了适当的处罚，立法必须明确规定违规行为适用的程序。这些程序至关重要的是尊重国际法和国家宪法赋予个人的所有基本法律权利，特别是如果违反行为被视为刑事犯罪行为。立法必须尊重正当程序的权利，并包括向上级机关提出上诉决定的权利。

奖励激励措施。在某些司法管辖区，立法也可能包含刺激遵守的激励措施。在自愿追溯系统的情况下，这可能是特别有意义的，但也可能有助于在实施统一识别系统的同时促进遵守。为了防止腐败，激励制度的监管框架应确定谁有资格获得奖励，确定具体标准的程序，报告机制，还应计算奖励金额。

# 11  实施动物记录系统

## 11.1  介绍

第2章介绍了综合性多用途动物记录系统的四个组成部分，分别是动物识别和注册，动物追溯，动物健康信息和动物生产性能记录。第7章介绍了开发系统的计划。本章为这个计划的实施制定指南。

实施动物记录系统所需的活动类型由系统的目标和组成部分决定，这些活动的程度也会随范围（例如要覆盖的物种和地理区域）的不同而有所不同。然而，要遵循的实施过程基本相同，适用于试点和推出阶段（表16）。

本章详细解读表16中列举的活动，并提供了一个整合的文件。

## 11.2  目标

本章的目标是根据既定的计划提供如何实施综合性多用途动物记录系统的指南。

## 11.3  实施动物记录系统的任务和行动

在广泛部署之前，建议在试点区域测试动物记录系统的所有功能。提供现场实施过程中遇到的相关问题的信息，有助于改进操作计划，纠正软件中的潜在错误。试点和推出阶段的实施活动可分为三个阶段：①准备阶段；②执行阶段；③维护阶段；

接下来会对这三个阶段和相关活动进行详细解读。一旦系统进入维护阶段，建议定期进行独立评估，以确保操作程序符合标准。

## 11.3.1　准备阶段

准备阶段涉及以下任务：

* 建立有利环境；
* 部署和培训人员；
* 准备宣传活动的材料；
* 现场测试软件应用程序；
* 采购相关设备和消耗品；
* 准备预算并获得资金。

**表16　实施动物记录活动的方法**

| 阶　段 | 任务和行动在试点和推出阶段 |
| --- | --- |
| 1.准备 | (1) 建立良好的环境<br>　• 建立法律框架<br>　• 建立制度框架<br>　• 建立IT基础设施，开发软件应用<br>(2) 部署和人员培训<br>(3) 准备宣传材料<br>(4) 现场测试软件应用<br>(5) 采购相关设备和耗材<br>(6) 编制预算和费用分摊方案，确保资金投入 |
| 2.执行 | (7) 培训现场工作人员<br>(8) 开展宣传活动<br>(9) 分配设备和耗材<br>(10) 实施动物识别和注册制度<br>　• 畜舍普查：处所、监护人及畜主的识别及注册<br>　• 初始标记：动物的识别和注册<br>(11) 实施动物溯源系统<br>　• 记录迁移、盗窃、损失、死亡或屠杀<br>(12) 实施动物健康信息系统<br>　• 记录健康事件<br>(13) 执行动物生产性能记录系统<br>　• 生产性能记录事件记录 |
| 3.维护 | (14) 动物的记录、注册和溯源<br>　• 记录管理员和畜主现有畜舍的变化<br>　• 记录新出生动物<br>(15) 继续记录迁移、死亡或屠杀<br>(16) 动物健康与生产性能记录<br>　• 继续记录健康事件<br>　• 继续记录生产性能事件<br>(17) 检测与评估 |

从试点到实施可能至少需要一年的准备时间才能完成。但是，在试点阶

段取得的经验可能会大大缩短在其他领域推广系统的准备时间。

任务1：建立有利环境

行动1：建立法律框架

法律是实施动物记录系统的基础。如果没有适当的法律，就制定并实施相关法律。我们在第10章中详细介绍了制定适宜法律的过程。立法所需的时间可能因国别不同而有所差异，至少需要一年时间。在联邦制国家所需时间也许会更长，在试点阶段学到的经验将有助于完成立法。

行动2：建立体制框架

按照立法规定政府应当首先指定主管机构，建立代表利益相关方的国家指导委员会，以监督动物记录系统的实施。指导委员会可以按照项目的目标和范围，组成任意数量的技术委员会就技术问题提供意见。例如，它可以成立针对动物记录系统各个部门的技术咨询委员会（图18）。

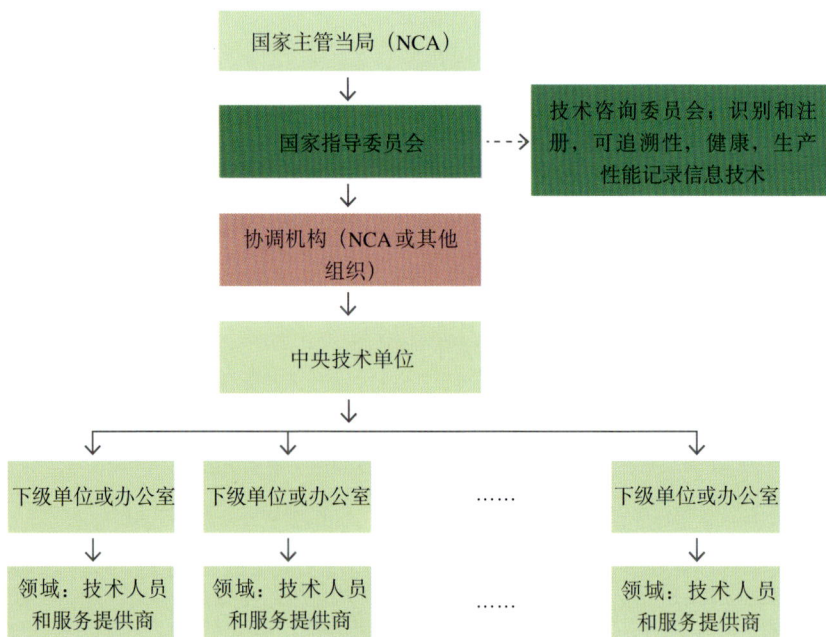

图18　实施动物记录系统的制度结构

主管机构协调实施动物记录系统并设立专门的中央技术部，或将此任务转交给协调机构。协调机构具有维护所需的中央服务器和通信基础设施以及运行软件应用程序的能力至关重要。对于大国，如果有必要，可以在国家或省级重复这一计划。协调机构的主要职责是：

• 为各级人员编制实施动物记录系统各部分的详细指导方针手册；

- 培养下放办事处和外勤人员做培训员；
- 准备宣传活动的材料；
- 现场测试应用程序；
- 从其他数据库迁移数据；
- 建立一个服务台，为全国用户提供支持；
- 准备预算；
- 采购所有设备和材料，如耳标和印刷品；
- 开展宣传运动；
- 通过区域和地区级别的队伍协调现场活动等。

在大国，中央（国家）和地方（州或省）协调机构可以分担这些责任。

行动3：建立软件平台和IT基础设施

在任何地区开展动物识别和记录活动之前，首先必须建立中央数据库和通信网络所需的基础设施，以链接到中央数据库，并确保软件应用程序全面运行。第8章介绍了软件应用程序和IT基础设施的开发和实施细节；特别是与现成软件的购买和调整相关，或开发定制的软件，以及内部或外部托管软件应用程序的选项。还必须进行以下IT相关活动：

- 准备实施应用软件的操作手册；
- 为权力下放办事处和服务提供者培养培训人员；
- 建立一个服务台来协助用户解决使用软件应用程序遇到的问题；
- 从其他系统迁移数据（如果有）；
- 使用XML技术创建数据交换协议，以便与其他组织定期进行数据交换；
- 创建所需的主文件（例如组织列表；组织中的用户列表及其特权；已登记的所有者、饲养员和动物的列表；使用的公牛名单；疫病列表；用于验证的饲料资料列表的数据输入）；
- 向参与组织提供购买所需设备并建立有线或无线连接的支持。

任务2：部署和培训人员

中央技术部门要配备可以实施动物记录系统或系统某一部分的专业人员。如果当地没有可用人员，在实施初期，可以从国外征聘至少1～2名关键人员。中央技术单位的规模取决于动物记录系统的目标和范围（见附件中的示例）。

协调机构在中央技术单位的支持下，必须决定如何组织现场行动，并确定谁来执行涉及的活动。这可能包括他们自己的工作人员；不过，服务提供商也可以被授权在特定时间段和特定服务区域执行现场操作。

任务3：准备宣传材料

在展开任何行动之前，最重要的是对畜主进行宣传普及活动。给他们解释什么是动物记录系统，以及它的目标和益处及相关活动，从而鼓励畜主们不仅为了自身利益，还要为了全民的利益参与进来。在准备阶段，宣传材料应以新闻稿、短片、海报、传单等形式准备。还应该根据各种媒体如新闻、电视、广播、展览会、畜主会议等的使用情况制定宣传策略。

任务4：采购相关设备和耗材

实施动物记录系统所需的主要器材包括耳标或其他识别装置，涂抹器，读卡器，手持装置（智能手机），笔记本和台式机，打印机，复印机，扫描仪，中央服务器和文具，等等。为了应对额外工作或参与新增单位的活动，车辆等设备也是必需的。此外，遵循标准采购程序获得所需物资，确保竞争力和物有所值也是至关重要的。

采购时遇到的常见问题和解决方案如下：

• 预算拨款不足。如有可能，招标前应确定价格。

• 完成招标过程的时间不足。预留能够完成整个采购周期的时间，并在必要时可再次招标（例如，如果出价超过预算）。如要延长招标周期，则需要受益人或出资方（如果有的话）批准招标文件。

• 额外的时间准备技术规范。为避免报价不足，技术规范必须足够详细，但也不能因此限制投标人的数量。这一点尤其重要，因为在大多数情况下，最便宜的出价必须要在符合规格的人当中挑选。技术规格也可用于预选供应商。

进行耳标招标、准备招标、邀请投标、评估、授予合同并最终获得交付所需的时间可能是3～6个月，而应用软件（新软件开发）的招标可能需要长达2年的时间。耳标、计算机硬件和软件等技术细节的评估需要专家们参与，同时要为软件应用和硬件基础配套相应的售后和维修服务。此外，还应当注意通知当地公司参与投标。

任务5：实地测试软件应用程序

在实地测试软件应用程序之前，开发商和协调机构应彻底检查软件的所有功能和使用案例。测试系统中内置的所有验证检查，例如，使用字母而不是数字，不合逻辑的日期或少于15个月的初次产犊年龄。系统应该发出适当的警告和错误信息来帮助用户（详见第8章）。

实地测试是在一些选定场所，在真实场景下，用真实数据来进行软件测试。在测试软件时，必须输入足够数量的精确测试数据来模拟整个系统的工作流程并测试所有功能。还必须制定一个程序来记录发现的任何错误，并确保纠正这些错误。具体而言，应包括以下步骤：

• 建立用例来测试软件的各项功能；

- 指定一个完整的测试来模拟完整的后续行动；
- 为软件和硬件建立负载测试，以确保系统在全速工作时正常运行；
- 提名中心与下级单位以及其他用户组的测试人员；
- 熟悉测试人员的软件应用；
- 评估测试用例，并根据测试结果修改应用程序。

机构的技术人员和软件开发人员必须密切合作，以确保产品完全满足用户的需求。

任务6：准备预算和分担费用

必须首先制订确保长期资金的计划。准备各项活动预算，并确保政府或捐助者承诺长期提供资金，才是确保动物记录系统成功实施的关键。这个计划应该包括中央和地方政府关于分摊成本的协议。只有当私营部门分摊或全部承担执行系统的责任并在一段时间内达到部分执行成本时，才能确保动物记录系统的可持续发展。

## 11.3.2 执行阶段

实地执行的活动取决于动物记录系统的组成部分，即动物追溯性，动物健康信息或生产性能记录，或其任何部分的组合。无论是哪种组合，在实施实地活动之前，都需要执行以下任务：

- 对实地工作人员进行培训；
- 开展公众宣传运动；
- 采购并分配所需的设备和耗材。

一旦完成，应进行以下几项或全部活动：

- 实施动物识别和注册实地活动；
- 实施动物追溯实地活动；
- 实施动物健康实地活动；
- 实施生产性能记录实地活动。

任务7：培训实地工作人员

受过培训的地方人员反过来应该对实地技术人员和服务人员及管理人员进行培训。培训的方案和主题要适应每类学员的需求：

- 畜主：
  - 动物记录系统的目标和益处；
  - 如何记录恰当的事件。
- 现场技术人员和现场服务提供商：
  - 房屋、饲养员、畜主和动物的识别和注册；

-获得运动身份证和记录动作；

-记录健康事件；

-记录生产性能事件；

-数据录入程序；

-软件培训。

- 区 (区域) 中心：

-数据录入程序；

-软件培训。

- 其他利益相关者（畜牧市场人员、屠宰场、育种者协会、育种组织、道路警察等）：

-数据录入程序；

-软件培训。

培训材料包括PowerPoint演示文稿、传单、指南、标准信息以及各种官方文件。这些指南将为动物记录系统的不同执行者提供技术和业务支持。这些行业标准包含在次级立法中。发行这些包含流程简述、纸质表格和标识符的传单，是为了方便畜主、牲畜市场和警察在可追溯情况下使用。

任务8：组织宣传活动

在目标区域开展实际活动之际进行宣传活动非常重要。因为如果宣传活动太早进行，虽然会在系统尚未运作的时候提高期望值，但却会使利益相关者们感到失望。相反，若在实地工作开始后再进行宣传，则会导致利益相关者无法应对，可能导致他们将该系统视为侵权行为。

推广和宣传活动包括：

- 记者招待会与新闻发布会；
- 分发宣传册给需要动物信息记录的畜主；
- 向兽医、推广机构、育种机构、育种者协会、农民工会等分发传单和海报；
- 宣传影片；
- 国家和地区广播电视短片广告；
- 在目标地区（区域）使用广告牌；
- 与畜主、经销商、市场代理人及其他利益相关方的实体会议。

协调机构负责主要媒体活动，当地办事处或服务提供者则负责管理区域（例如村级）活动。

任务9：组织设备和消耗品的分配

所需的设备和耗材必须在实地作业开始之前分配到相关人员。例如，所有现场助理必须配备所需数量的识别装置、涂抹器、读取器、官方纸质文件、手持装置和测量工具，例如流量计、测量瓶、测量带和称重工具。设备和耗材的分配必须通过应用程序进行监控。重要的官方文件（如迁移身份证）应分配序列号，并监控其分发过程。

任务 10：实施动物识别和注册

动物识别和注册应分两步进行：

- 房屋、饲养员和畜主的初步识别和注册；
- 初步识别和注册每个动物。

对于大种群动物推荐使用两步法，在对个体动物进行识别和注册之前，对其饲养员和畜主也进行识别和注册，最好与大规模疫苗接种计划相结合。在小农经营的情况下，畜舍、饲养员和畜主的识别和注册可以与个体动物一起进行，因为动物的畜舍、饲养员和所有者可能是同一个实体。

行动 1：对畜舍、饲养员和畜主进行身份查验和登记

- 标记助理提供预先打印的、唯一编号的登记表格，用于畜舍、饲养员和畜主的信息登记。
- 标记助理会与饲养员和畜主进行访谈，并为指定地区的每个畜舍填写畜舍登记表。第 3 章详细介绍了如何收集畜舍、畜主和管理人员的信息。
- 标记助理可以通过手持设备（笔记本或便携式电脑）将数据直接输入中央服务器，或将已完成的表单发送到附近的办事处，数据录入人员将数据输入中央数据库。
- 如果提前获悉其数量与所有权信息，则过渡畜舍如牲畜市场、畜牧展销会和屠宰场的登记可以通过文件转移进行。

行动 2：对动物进行初步识别和注册

涉及的活动如下：

- 标记助理使用带有 ID 代码（例如数字和条形码）的耳标，动物每个耳朵上一个。并且这些耳标显示的 ID 代码必须是相同的、唯一的。
- 标记助理为每只动物完善动物注册表。第 3 章详细列出每只动物要收集的数据。一旦动物在中央数据库中注册，它们的身份证将被打印并发送给饲养员。
- 标记助理可以通过手持设备（笔记本或便携式电脑）将数据直接输入中央服务器，或将已填写的表单发送到当地办事处，数据输入人员将数据输入中央数据库。

如果标记助理遇到尚未注册的场所，则必须注册，然后标记每只动物并完成动物注册表。

一个地理区域的动物的初步识别和注册可以逐步进行，也可以一次性全

部进行（见第9章，与插文12进行对比）。如果条件允许，后一种方法是可取的，因为它有助于快速实施动物识别部分，并且容易识别新来的动物，无论是新生动物还是从别的地区转移来的动物。如果可能，这可以与大规模疫苗接种计划一起进行。访问期间，除新生动物之外，疫苗接种者还可以识别和注册不明身份的动物。动物的识别和注册也可以在遗传改良方案下执行，该方案包含给定区域内的动物。

任务11：实施动物追溯

动物进入或离开处所构成运动。记录动物迁移情况是动物追溯的基础。在任务1，行动3中允许在数据库中记录迁移情况的功能已经实现。记录迁移情况涉及的活动包括以下内容（详见第4章）：

- 按照需求或规定，服务提供者要给饲养员发放动物运动身份证（即动物护照）。这是一个永久性的文件，伴随动物的整个生命周期。运动身份证上包含的基本信息有动物的身份证号、肤色、性别、出生年份（已知的确切日期）和出生地畜舍ID。初次识别可能并不知道出生地址，因为动物可能早已被转换畜舍。那些可以提供出生地ID的动物，可以根据不同目的在其生命周期中添加额外的信息，包括父亲ID，DNA腺嘌呤甲基转移酶鉴定，健康状况和疫苗接种历史以及任何治疗信息。

- 不使用个体运动身份证时，饲养员可以使用迁移许可证或其他正式文件或表格。该文件是一个临时的文件，保存动物的一次迁移信息。它可能是一个动物的文件或个别识别动物的列表。

- 当动物在场地之间移动时，迁移细节将被记录在运动身份证上。迁移时记录的最小信息（或到达新畜舍）包括原始畜舍标识和出发日期，新畜舍编号和入住日期，运动类型和车辆编号（可选，如果使用车辆）。在后一种情况下，如果相同的车辆已经从不同的处所收集动物，车辆ID可用于检查动物之间可能的接触情况。

- 指定一个时间期限来发放动物ID（例如在出生后1个月内），指定一个时间期限将每一次迁移记录到运动ID内（例如在迁移后3天内）是十分重要的。运动身份证将记录每只动物在其生命周期中的每一次迁移信息。

- 动物ID应在动物死亡、屠宰或出口时归还给指定的权威机构。

- 在进口动物的情况下，出口国的动物识别记录应与进口国指定的动物标识保持关联。同样，在动物出口的情况下，应向进口国的兽医机关提供出口国的动物识别记录。

如果执行控制和激励措施，运动报告将会增加。激励措施只能使符合动物追溯要求的畜群受益。管制措施应在多个阶段进行——运输期间（由路警）、牲畜市场和屠宰场。只有符合规定的动物才能通过并被接受。控制措施应包含非官方和官方的畜牧市场和屠宰场，若不包括前者将对整个追溯系统构成风险（详见第4章）。

任务12：实施动物健康信息记录

执行农场活动（如接种疫苗或抽样）的兽医必须配备纸质表格或电子设备（智能手机、平板电脑等），用于注册相关活动的全部信息，例如干预日期，控制程序关注的类型，使用的疫苗类型或采取的样品类型，实验室要求的测试，以及动物的识别代码。所有数据必须输入到动物健康信息系统中，无论农场使用的方法（即纸或电子设备）如何。一般规则是，执行兽医活动的工作人员应尽早将数据输入到系统当中。这样可以减少风险，如果延迟输入信息，则会显著增加误判风险。

在纸质注册的情况下，一旦国家动物识别数据库到位，建议使用表格填写农场和动物识别数据。当样品必须用于实验室使用时，现场操作人员应配备预先印有用于识别样品的动物识别码的标签。预填充的表格和标签通常包括条形码，以便于实验室的数据注册，从而避免输入出错。

在农场使用智能手机、笔记本电脑或平板电脑的情况下，可以使用小型便携式打印机来生成标签。另外，如果对动物进行电子识别，则可以将读卡器与笔记本电脑或平板电脑连接，以自动注册受控制的动物的代码。

动物健康信息系统框架内，实地活动的一个独特之处在于记录被怀疑或证实的疫病暴发事件。在农场的实地操作员可以使用智能手机或平板电脑将任何问题迅速地通知给当局，并及时向兽医机关提供所需信息。

实验室信息管理系统必须与动物健康信息系统完全整合。实验室结果按照具体程序记录在实验室信息管理系统中，并为样品和测试标准命名。这个命名法必须与动物健康信息系统中的术语兼容。实验室必须配备电脑，用于数据存储并连接互联网服务器。

动物健康信息系统的正确实施离不开主要活动的详细操作程序。定期对系统整体性能和程序的有效性进行评估，是实现快速提示并纠正错误的关键。

开发IT平台，需要大量人力配合，尤其是数据的收集和整合。规划并实施信息系统以及打造相关的IT平台，需要一支包括IT工程师、流行病学家、GIS专家在内的多学科团队。此外，兽医的现场反馈对开发合适的数据管理实用工具也是至关重要的，同时反馈直接传递给平台开发人员。

任务13：执行记录

服务提供商收集不同事件的具体数据，并通过他们的现场技术人员向畜主提供各种服务。例如，人工授精技术人员收集人工授精、妊娠诊断和产犊的数据。他们还注册新生牛犊并记录亲子关系。同样，牛奶记录仪收集每月的产量数据，并给牛奶实验室发送样品进行分析。

具体内容如下：

- 现场技术人员提供服务并以指定的格式收集数据。
- 现场技术人员可以通过手持式设备（笔记本或便携式电脑）将数据直接输入中央数据库，或将已填写的表格发送到当地办事处，数据输入人员将数据输入中央数据库。
- 现场技术人员向畜主提供反馈并支持他们进行规划和决策。
- 服务提供者监控所有实地操作，组织现场技术人员、主管和管理人员的评审会议，并采取纠正措施，提高他们为管理者提供服务的整体效率。

## 11.3.3　维护阶段

在维护阶段，要开展活动并提高效率。为了提高动物记录系统的整体效率，需要进行以下具体活动：

- 提高硬件性能，拓展沟通渠道和增强软件应用，缩短反馈时间；
- 合并变更，以满足包括饲养员在内的所有利益相关者的新要求；
- 记录动物记录系统的好处并宣传成功案例；
- 组织讲习班交流经验；
- 鼓励成立农民组织来接管动物记录活动；
- 努力通过确保受益人（包括饲养员、服务提供者和政府）之间公平分摊成本来实现动物记录系统的可持续发展（详见第9章）；
- 组织一次从外部针对动物记录系统五年战略的独立审查活动，以评估其进展情况，确定有利因素和制约因素，记录益处，找准机会，改进现有的SOP。

任务14：进行动物记录、注册和追溯

针对大型畜群，饲养者可以对新生动物进行身份识别和注册，并记录迁移活动（包括所有权转让和死亡）。在小农经营的情况下，服务提供者可以在房屋库存周期（例如每6个月）进行这些活动。然而，对离开畜舍的动物进行识别和注册也是很重要的。官方兽医工作人员可以在疫病疫苗接种的情况下进行定期清查，前提是后者定期重复。为了定期清查房屋库存，标记助理或现场技术人员必须：

- 向相关地区（如村庄）和畜舍提供预先填写的房屋清单。这些表格必须显示所有活的动物的房屋编号和数据；
- 识别和登记所有新生动物，记录动物运动；

- 若耳标丢失或难以辨认，重新标记动物并记录有关旧标签和新标签的数据；
- 通过手持设备（笔记本或便携式电脑）将数据上传到中央服务器，或将完成的表单发送到当地办公室，数据输入人员将数据输入中央数据库。

如果现场技术人员定期访问饲养员并提供其他服务（例如人工授精或产奶记录服务），则此类访问也可用于动物识别和注册。对于这样的管理员来说，每年都要进行一次房屋库存清点。大型畜群的管理人员可以通过互联网或其他手段自动报告上述活动。他们也可以每年提供农场库存数据。

过渡处所的经营者，如经销商、运输商、畜牧市场、展览会和屠宰场，必须每天维护和更新进出房地的动物名单。他们可以通过互联网直接在中央数据库中上传这些活动，或者向当地兽医局提交适当的纸质表格，数据输入人员将数据输入中央数据库。

任务15：进行动物健康和生产性能记录

在维护阶段进行的与健康记录和执行阶段进行的生产性能记录相同。

任务16：实施监督评估机制

应该制定一个监督机制，来确保为实施动物记录系统而制定的标准作业程序得到遵守。该机制应检查所有新生动物是否被识别和注册，报告所有的死亡和迁移，若没有官方识别号，就不得饲养或迁移任何动物，所有新的畜舍必须要被识别并注册。为避免滥用导致识别设备库存量降低，识别器的分布也必须可以监控。日常监督制度也要被纳入，以便对动物识别和注册、可追溯性、健康或生产性能的记录进行核查，防止虚假数据。评审会议应突出遇到的问题，并在需要时采取适当的纠正措施。

为了确保符合动物记录要求，还需要实施独立的质量管理体系。由一个独立的团队在随机选定的地点（例如村庄）进行一年一次的抽查活动，以检查是否符合动物识别和注册、可追溯性、健康或生产性能记录要求。在动物识别、注册和追溯的情况下，检查人员应在随机选择的农场，检查房屋、畜主、饲养员和动物是否被正确识别和注册，以及是否正确记录了出生和迁移（包括死亡）。视察员还必须访问选定的牲畜市场、牲畜展览会和屠宰场，以检查动物迁移报告的遵守情况。在生产性能记录方面，检查员可以随机选择村庄和饲养员，检查是否符合不同特征的测量规则。例如，牛奶性状的额外测试可以在常规测试之后的第二天进行，并且包括牛奶产量以及牛奶成分。如果常规和额外测试之间的误差超过指定的临界百分比，则要对相关农场加强管理。重复测试应包括每年所有参与农场的特定比例。独立检查员的意见应记录在系统中，以便日后进行风险分析。

# 参考文献
## REFERENCES

**Calistri, P., Conte, A., Natale, F., Possenti, L., Savini, L., Danzetta, M.L., Iannetti, S. & Gio- vannini, A.** 2013.Systems for prevention and control of epidemic emergencies.*Veterinaria Italiana*, 49 (3), 255–261. (available at www.izs.it/vet_italiana/2013/49_3/255.htm).

**FAO.**1998. *Secondary guidelines for development of national farm animal genetic resources management plans – animal recording for medium input production environment*. Rome (available  at  www.fao.org/docrep/012/i0770e/i0770e00.htm).

**Hobbs, J.E., Yeung, M.T. & Kerr, W.A.** 2007.*Identification and analysis of the current and potential benefits of a national livestock traceability system in Canada*.Agriculture and Agri-Food Canada.

**ICAR.**2012. *International agreement of recording practices*. Rome, International Committee  for Animal Recording (available at www.icar.org/Documents/Rules%20and%20regulations/Guidelines/Guidelines_2012.pdf).

**OIE.**2012. *Terrestrial animal health code (21st edition)*. Paris, World Organisation for Animal Health (available at www.oie.int/international-standard-setting/terrestrial-code/access-online/).

# 附　录

## 各种动物识别、注册和可追溯性场景的成本估算

本附录介绍了三种实施方案以及相应的模拟成本。

### 1. 具有完全可追溯性的电子识别系统

第一种方案是对300万头牛进行动物识别、注册和追溯。使用一对电子的、可视化的标识符，逐步对每一年的出生前6个月内的牛犊进行个体识别，预计在5年之内完成该项任务。

以下假设是为了计算动物迁移和所有权变更的成本：

第1年：今年出生的动物迁移30%；

第2年：第1年出生的动物迁移30%和今年出生的动物迁移30%；

第3年：第1年出生的动物迁移40%，第2年出生的动物迁移30%，今年出生的动物迁移30%；

第4年：第1年出生的动物100%屠宰迁移，第2年出生的动物40%，第3年出生的动物30%，以及今年出生的动物30%。

公共机构在其他参与者的配合之下贯彻实施，服务供应商负责收集迁移数据。表17的模拟参数基于乌拉圭的系统。

### 表17　模拟参数

| 人口参数 | |
|---|---|
| 人口规模 | 300万（年增长率为3%）目标区 |
| 区域数量 | 8 |
| 奶牛比重 | 41% |
| 产犊率 | 0.44 |
| 识别装置 | |
| 设备类型 | 视觉和电子 (RFID) |

（续）

| 人口参数 | |
| --- | --- |
| 涂抹器 | 可变量 |
| 现场工作人员设备 | |
| RFID 设备读卡器 | 65 |
| GPS | 35 |
| 设备维护 | 可变量 |
| 车辆 | 9 |
| 摩托车 | 20 |
| 汽油 | 可变量 |
| 维护和备件，包括轮胎 | 可变量 |
| 年度学费和保险 | 车辆税和保险 |
| 电脑 | 50 |
| 激光打印机 | 25 |
| 服务器、许可证和仓库服务 | 2 台服务器和可变数量的许可证和仓库服务设备 |
| 其他人员设备 | |
| 电脑 | 50 |
| 激光打印机 | 50 |
| 读卡器 | 60 |
| 调制解调器 | 年度服务 |
| 员工 | |
| 国家协调员 | 1 |
| IT 专员（副协调员） | 1 |
| 系统开发人员（分析师） | 4 |
| 救援人员 | 4 |
| 行政人员 | 2 |
| 现场技术人员 | 8（每个地区 1 名技术人员） |
| 审计员（督查） | 1 名监事和 60 名审计员 |
| 录入人员 | 20 |
| 操作 | |
| 中心办公室 | |
| 互联网连接 | 30 部移动调制解调器 |
| 移动通信网络 | 平均通信成本 |
| 迁移数据的收集 | 服务提供商的费用（每个动物 1 美元） |
| 文具和表格 | 可变量 |
| 支持材料 | 可变量 |
| 投影机 | 8 |
| 家具档案 | 变量 |
| 消耗品 | 可变量 |
| 实地考察津贴 | 每日津贴的平均值 |

（续）

| 人口参数 | |
| --- | --- |
| 培训和提高认识 | |
| 广播电视媒体推广 | |
| 印刷媒体推广 | 可变量 |
| 训练 | 可变量 |
| 考察团 | 可变量 |
| 杂项 | 1%～2% |

表18　用电子标识符实施可追溯系统的成本汇总

单位：美元

| 成本组成 | 第1年 | 第2年 | 第3年 | 第4年 | 第5年 |
| --- | --- | --- | --- | --- | --- |
| 识别装备 | 1 082 400 | 1 114 872 | 1 148 318 | 1 182 768 | 1 218 251 |
| 设备人员 | 670 700 | 214 450 | 214 450 | 214 450 | 214 450 |
| 其他演示设备 | 129 800 | 12 000 | 12 000 | 12 000 | 12 000 |
| 员工 | 322 400 | 332 072 | 342 034 | 352 295 | 362 864 |
| 经营成本 | 520 260 | 671 691 | 887 559 | 1 445 437 | 1 478 852 |
| 培训和提高认识 | 190 000 | 190 000 | 60 000 | 60 000 | 60 000 |
| 杂项 | 200 000 | 100 000 | 100 000 | 100 000 | 100 000 |
| 总成本 | 3 115 560 | 2 635 085 | 2 764 361 | 3 366 950 | 3 446 417 |
| 每头新生犊牛年度费用 | 5.8 | 4.7 | 4.8 | 5.7 | 5.7 |

注：这些模拟中使用的单位费用取自于 Gabriel Osorio 于 2013 年在新生动物的基础上对乌拉圭系统的分析。

表 19　对实施塑料耳标追溯系统的成本汇总

单位：美元

| 投资概念 | 第1年 | 第2年 | 第3年 | 第4年 | 第5年 |
| --- | --- | --- | --- | --- | --- |
| 识别装备 | 541 200 | 557 436 | 574 159 | 591 384 | 609 125 |
| 设备人员 | 782 370 | 269 220 | 269 220 | 269 220 | 269 220 |
| 其他演示设备 | 77 600 | 12 000 | 12 000 | 12 000 | 12 000 |
| 员工 | 361 400 | 372 242 | 383 409 | 394 912 | 406 759 |
| 经营成本 | 670 328 | 843 088 | 1 137 366 | 1 862 608 | 1 906 048 |
| 培训和提高认识 | 190 000 | 190 000 | 60 000 | 60 000 | 60 000 |
| 杂项 | 200 000 | 100 000 | 100 000 | 100 000 | 100 000 |
| 总成本 | 2 889 948 | 2 402 944 | 2 650 945 | 3 394 712 | 3 371 893 |
| 每头新生犊牛年度费用 | 5.3 | 4.3 | 4.6 | 5.7 | 5.5 |

　　模拟结果列于表18中。根据上述情况，只有当年的新生动物被注册，那么身份识别装置的成本就是犊牛出生数量的直接函数（即一个年产犊率和可用奶牛百分比的函数）。一对可视化电子标签的单位成本为2美元。在第5年，估计

有超过90%的牛群个体被识别。对于剩余的不明身份的牛，参与者可以组织一个特殊的身份识别活动或者等待它们自然死亡。

车辆和其他设备的成本在初始阶段会很高，稳定下来之后会有所下降，主要是燃油成本，维修和更新成本。简单起见，这里不包含设备或折旧率。在培训和宣传方面采取了类似的做法。工作人员成本也是稳定的，由于应用年薪3%的增长而略有增加。运营成本与动物迁移成本成正比，而迁移成本又与已确定动物数量成正比。收集迁移数据的单位成本为一次迁移1美元。

识别动物或牛犊的成本约为5美元。在实施推进中，该项成本会伴随读取成本的提高而有所增加。识别动物的数量越来越多，产生的迁移数据也会更多，因此读取电子设备的成本也会更高。如果动物的整个生命周期内被读取和记录在中央数据库中低于3次，在常规农场管理（挤奶、增长率监测、动物疫病监测、牲畜市场运作）中也不用机器读取，那么使用电子识别则是没有成效的。

## 2. 完全可视化识别

第二种方案与前一种方案类似，唯一的改变是用一对可视化塑料耳标（无条形码）代替可视化电子标识符，其成本仅是原来价格的一半，即1美元。

如果使用可视化塑料耳标，会需要更多劳动力来完成阅读和数据处理工作。在这种情况下，即便实际增长很难估计，但仍假设人事费用增长了30%，现场技术人员和数据录入人员人数分别上升到10人和26人。设备成本和服务提供者的现场数据收集和传输成本，以同样的百分比增加，每个动物从1美元上涨到1.30美元。

方案一是假设在动物迁移和所有权变更的情况下来估算成本。每个新生犊牛的年度成本仅比以前的情况略低。由于使用塑料标签而导致的成本降低被运营成本的显著增加所抵消。动物迁移和所有权变更的成本是计算这些运营成本时的决定因素。

## 3. 群组可追溯性

该系统完全基于对畜舍、饲养员、畜主的识别以及群体迁移的控制。这里可以推荐烙印作为识别动物的手段，其成本假定为每只动物0.14美元。为了确保这个系统的最大运行效率，需考虑以下成本变化：

- 与视觉识别系统相比，由于实地工作量的增加，技术人员（数据录入操作员和现场技术人员）增加了约30%。主要是由于每个群体迁移都是通过文档来实现的，这些文件必须被收集并输入到系统以便于监控和追溯。

- 由于群数据（表格输入、迁移控制，畜舍审计、牲畜存栏量等）收集的工作量大增，所以运营成本和支持设备及其他投入增长了1倍。

相应地，硬件设备增加了30%，而必要的现场设备则减少了（因为不需要读卡器、互联网和其他设备）。迁移控制的费用（适应性训练或资格认证，文件和装运）估计为每只动物0.5美元。

表20给出了这种情况的结果。如果没有个别的动物识别，每年的成本是以一头牛为单位。然而，为了确保与以前的情况进行充分比较，每年新生犊牛的年费用也是如此。如预期的那样，群体识别和可追溯性比完全可追溯性要低得多。对于资源有限的国家或畜牧部门薄弱的国家，可以推荐采用这种方法，以便在可行的情况下考虑到市场或健康状况，逐步形成具有个体动物识别能力的完整的追溯系统。

表 20　对实施可追溯系统的一组汇总成本　　　　　　单位：美元

| 投资概念 | 第1年 | 第2年 | 第3年 | 第4年 | 第5年 |
|---|---|---|---|---|---|
| 识别装备 | 75 768 | 78 041 | 80 382 | 82 794 | 85 278 |
| 设备人员 | 752 320 | 269 220 | 269 220 | 269 220 | 269 220 |
| 其他演示设备 | 79 800 | 12 000 | 12 000 | 12 000 | 12 000 |
| 员工 | 421 200 | 433 836 | 446 851 | 440 686 | 453 906 |
| 经营成本 | 558 360 | 522 845 | 524 004 | 525 197 | 526 427 |
| 培训和提高认识 | 190 000 | 190 000 | 60 000 | 60 000 | 60 000 |
| 杂项 | 200 000 | 100 000 | 100 000 | 100 000 | 100 000 |
| 总成本 | 2 277 448 | 1 605 942 | 1 492 457 | 1 489 897 | 1 506 830 |
| 每头牛年度费用 | 0.8 | 0.5 | 0.5 | 0.5 | 0.4 |
| 每头新生犊牛年度费用 | 4.2 | 2.9 | 2.6 | 2.5 | 2.5 |

# 粮农组织动物生产及卫生准则

1.采采蝇昆虫学基线数据的收集，2009（E）

2.制订动物遗传资源国家战略和行动计划，2009（E，F，S，R，C）

3.动物遗传资源可持续管理的育种战略，2010（E，F，S，R，Ar，C）

4.动物疾病风险管理的价值链方法——2011年实际应用的技术基础和实际框架（E，C）

5.2011年畜牧业审查准备指南（E）

6.制定2011年动物遗传资源管理体制框架（E，F，S，R）

7.2011年动物遗传资源调查与监测（E，F，S）

8.2011年（E，F，S，R，Ar，C，Pt$^e$）良好奶牛养殖实践指南

9.动物遗传资源分子遗传学特征，2011（E）

10.设计和实施家畜价值链研究，2012（E）

11.动物遗传资源的表型表征，2012（E，F$^e$，C$^e$）

12.动物遗传资源的低温保存，2012（E）

13.控制和消除高致病性禽流感和其他跨界动物疾病的管理框架手册——2013年审查和制定必要政策、体制和法律框架的指南，2013（E）

14.动物遗传资源的体内保存，2013（E）

15.饲料分析实验室：建立和质量控制，2013（E）

16.2014年家庭家禽发展决定工具（E）

17.2015年活禽市场生物安全指南（E，F$^e$，C$^e$）

18.动物疫病的经济学分析，2016（E）

19.综合性多用途动物记录系统的开发，2016（E）

可获得日期：2016年3月

Ar——阿拉伯语　　Multil——多语言

C——中文　　　　＊缺货

E——英语　　　　＊＊准备中

F——法国　　　e——电子出版物
Pt——葡萄牙语　R——俄语
S——西班牙语

　　FAO动物生产及卫生准则可通过FAO授权的销售代理或直接从FAO市场营销组获得，地址：Viale delle Terme di Caracalla，00153 Rome，Italy。

　　在http://www.fao.org/ag/againfo/resources/en/publications.html查找更多出版物。

**图书在版编目（CIP）数据**

综合性多用途动物记录系统的开发 ／ 联合国粮食及
农业组织编著；梁丹辉译. —北京：中国农业出版社，
2018.8
　ISBN 978-7-109-23755-1

Ⅰ．①综⋯　Ⅱ．①联⋯②梁⋯　Ⅲ．①动物-识别系
统-研究　Ⅳ．①Q95

中国版本图书馆CIP数据核字（2017）第321091号

著作权合同登记号：图字01-2018-0302号

中国农业出版社出版
（北京市朝阳区麦子店街18号楼）
（邮政编码 100125）
责任编辑　郑　君
文字编辑　张庆琼

中国农业出版社印刷厂印刷　新华书店北京发行所发行
2018年8月第1版　2018年8月北京第1次印刷

开本：700mm×1000mm　1/16　印张：10.5
字数：190千字
定价：79.00元
（凡本版图书出现印刷、装订错误，请向出版社发行部调换）